示范性高等职业院校重点建设专业校企合作教材

Qiche Yunyong Jishu Zhuanye

汽车运用技术专业

Rencai Peiyang Fangan ji Kecheng Biaozhun

人才培养方案及课程标准

杨意品 主 编

段明社 侯晓民 吴 民 副主编

沈 强 主 审

人民交通出版社

内 容 提 要

本书为示范性高等职业院校重点建设专业校企合作教材。全书包括两部分:汽车运用技术专业人才培养方案和汽车运用技术专业课程标准。

本书可用于指导汽车运用技术专业人才培养方案的设计与课程开发,还可作为该专业教材编写的参考资料。

图书在版编目(CIP)数据

汽车运用技术专业人才培养方案及课程标准/杨意品主编. —北京:人民交通出版社,2014.3

示范性高等职业院校重点建设专业校企合作教材

ISBN 978-7-114-11179-2

Ⅰ.①汽… Ⅱ.①杨… Ⅲ.①汽车－应用－人才培养－高等职业教育－教学参考资料 Ⅳ.①U471.2

中国版本图书馆 CIP 数据核字(2014)第 032331 号

示范性高等职业院校重点建设专业校企合作教材

书　　名: 汽车运用技术专业人才培养方案及课程标准
著 作 者: 杨意品
责任编辑: 袁　方　王绍科
出版发行: 人民交通出版社
地　　址: (100011)北京市朝阳区安定门外外馆斜街 3 号
网　　址: http://www.ccpress.com.cn
销售电话: (010)59757973
总 经 销: 人民交通出版社发行部
印　　刷: 北京市密东印刷有限公司
开　　本: 787×1092　1/16
印　　张: 8.75
字　　数: 206 千
版　　次: 2014 年 3 月　第 1 版
印　　次: 2014 年 3 月　第 1 次印刷
书　　号: ISBN 978-7-114-11179-2
定　　价: 110.00 元

汽车运用技术专业
指导委员会名单

序

高等职业教育必须以现代产业现实需求与发展趋势为依据，明确人才培养的目标和规格，优化专业设置，更新课程内容，推进人才培养模式改革，以提高人才培养的针对性和适用性。

新疆交通职业技术学院自2011年被列入新疆维吾尔自治区示范性高职院校建设单位以来，遴选了道路桥梁工程技术、汽车运用技术、物流管理、工程机械运用与维护四个专业进行重点建设。四个重点建设专业分别组建了专业建设指导委员会，各专业建设指导委员会在针对新疆区域产业发展和交通人才需求进行广泛调研和深入研究的基础上，以人才培养模式创新为突破口，探索出了各自特色鲜明的人才培养模式，制定了相应的专业人才培养方案。对于课程建设，各专业建设指导委员会通过召开行业、企业专家论证会，参照相关职业岗位群的任职要求和相关职业标准，对工作岗位和工作任务进行分析，进行基于工作过程的课程开发和课程设计，科学制定了专业课程标准、人才培养目标和专业课程体系，并明确了每门课的教学目标和教学要求。

经过实践，四个重点专业的人才培养方案和课程标准与原有的学科体系下的教学计划和课程大纲相比，努力实现了专业与产业、职业岗位对接，使专业课程内容与职业标准对接，使教学过程与生产过程对接，使学历证书与职业资格证书对接，使职业教育与终身学习对接。

具有先进教育理念的人才培养模式在教学实践中取得了显著的成效，它充分发挥了学生的学习主动性和积极性，提高了学生的就业竞争力、实际工作能力和生存创业能力，同时，它带动了相关专业群的建设和发展，在职业院校中起到引领和示范的作用。

2013年12月

前　言

新疆交通职业技术学院汽车运用技术专业创建于1953年，当时主要进行汽车维修及驾驶培训，至今已培养了大批汽车维修领域的专业技术人才，目前是学院的主干专业之一。2013年本专业被评为自治区职业技术教育的特色专业。

近几年在专业建设指导委员会的指导下，本专业建设团队在制订人才培养方案时，进行了大量的行业企业调研和同类院校调研。为了充分体现科学发展观的核心，本专业教学改革着眼于市场、着眼于未来，人才培养方案的设计经历了学习发动、实践调研、集中设计三个阶段。根据行业、企业发展趋势，企业岗位设置及用人要求等，吸取了兄弟院校专业建设经验，形成了本专业人才培养方案。

本专业人才培养方案在以下方面作出了实质性的探究，并取得较好的效果：

1. 进一步明确了汽车运用技术专业的培养目标，强化专业综合技能，定位于面向一线的实际操作人员。

2. 改进了人才培养模式。目前汽车运用技术专业形成了“前厂后校、工学交替、订单培养”的人才培养模式。

3. 优化了专业课程结构，构建了与人才培养模式相适应的“德育贯穿、能力本位”的516课程体系。

4. 在专业人才培养方案的实施过程中，推动了专业课程教学改革，完成了22门专业课程及专项实训课程标准。

本书由汽车运用技术专业人才培养方案及课程标准组成，对我院其他专业及专业群具有很强的指导意义，同时也可供其他兄弟院校借鉴和参考。

本书由新疆交通职业技术学院杨意品担任主编，由新疆交通职业技术学院段明社、侯晓民、吴民担任副主编，由沈强担任主审。参与编写的人员还有新疆交通职业技术学院吴民、张玺、曹兴举、杨永春、衣玉兰、支姝、潘杰、百合提努尔、郭三爱、李晓庆、马尔旦、田荣等。编写人员分工如下：《汽车机械识图》、《汽车电路识图》由衣玉兰编写；《汽车机械基础》由杨永春编写；《汽车电工与电子技术》由李晓庆编写；《汽车发动机构造与维修》、《汽车发动机维修专项实训》由百合提努尔编写；《汽车底盘构造与维修》、《汽车底盘维修专项实训》由郭三爱编写；《汽车故障诊断与检测技术》、《汽车整车检测专项实训》由张玺编写；《汽车专业英语》、《汽车运行材料》、《汽车营销技术》、《汽车保险与理赔》由杨意品编写；《汽车底盘电控系统诊断与维修》由支姝编写；《汽车发动机电控系统诊断与维修》由马尔旦编写；《汽车电气设备诊断与维修》、《汽车电气设备诊断与维修专项实训》、《汽车车身电气及附属设备诊断与维修》由吴民、田荣编写；《汽车维修企业管理》由潘杰编写；《汽车维护保养专项实训》、《钳工实训》由曹兴举编写。

在此，感谢对本书进行审核的各位企业专家，包括新疆交通运输管理局维管处沈强、新疆交通科学研究院赵创林、华通丰田汽车销售服务有限公司许文华等。

由于编写水平所限，本书难免有不妥之处，敬请读者批评指正。

编者

2013 年 12 月

目　　录

汽车运用技术专业人才培养方案

据中国汽车工业协会统计，2012 年累计生产汽车 1927.18 万辆，同比增长 4.6%；销售汽车 1930.64 万辆，同比增长 4.3%。产销同比增长率较 2011 年分别提高了 3.8% 和 1.8%。

新疆公路交通事业的迅速发展，特别是高速公路和现代汽车的发展，带动了汽车维修行业日新月异的发展。因此，交通事业的发展需要有更高层次、更强实践能力的高技能人才。

汽车运用技术专业历经 50 多年的发展，具备坚实的办学基础，有先进的办学理念。近几年的快速、稳定的发展，为我院赢得了良好的社会声誉。我院汽车运用技术专业在新疆地区同类职业学院中，办学规模最大，师资条件最好，所培养的汽车类专业学生已经成为自治区汽车维修行业人才的主力军。

本专业就业面向汽车后市场。经过《汽车发动机构造与维修》、《汽车发动机电控系统诊断与维修》、《汽车底盘构造与维修》、《汽车电气设备诊断与维修》等课程的学习，培养学生汽车技术状况的诊断与检测能力、汽车发动机机械系统和电控系统的诊断与维修能力、汽车底盘机械系统的诊断与维修能力、汽车电气设备诊断与维修能力等，毕业后考取汽车维修工（中级）、汽车维修电工（中级）职业资格证书。

本专业人才培养方案，紧密结合企业实际，聘请行业企业技术人才和能工巧匠全程参与制订；在认真研究企业对专业人才的需求情况、本专业面向的就业岗位和岗位要求应具备的各项职业能力的基础上，制订该人才培养方案。由于行业企业的快速发展，对人才的需求会不断变化，人才培养方案也会依据市场需求不断调整和完善。

2013 级人才培养方案变更说明：

本培养方案在 2012 年人才培养方案的基础上，根据专业及专业群建设的需要、学院新的人才培养精神，力求使方案更加趋于科学、合理，不断提高专业人才培养质量。

2013 级专业人才培养方案与 2012 级比较，有如下特点：

（1）对公共平台课程进行整理整合，例如心理健康等课程，以选修课、活动课的形式开展，丰富授课的形式，提升课程目标的实现度。

（2）专业群搭建专业平台，专业平台课程的比重增加。

（3）加强对实践教学的力度。随着专业实训条件的不断提升和改善，提高课程实践教学比例，并不断注重对教师实践操作能力的提升。

1 专业名称

专业名称：汽车运用技术

专业代码：520104

2 教育类型及学历层次

教育类型：高等职业教育

学历层次:大专

3　招生对象、学制与毕业要求

招生对象:高中毕业生或同等学力者

学　　制:全日制三年

毕业要求:

3.1　课程考试(核)要求

在规定年限内修完规定的必修课程和选修课程,各科考核成绩合格。

3.2　计算机能力要求

获得新疆高等学校非计算机专业学生计算机联合考试(简称高校等考 CCT)证书或全国计算机等级考试(简称 NCRE)证书。

3.3　外(汉)语能力要求

获取高等学校英语应用能力考试(简称 PRETCO) B 级证书。

3.4　职业资格证书要求

根据本专业核心能力要求,学生在毕业时必须取得汽车维修工中级资格证书。另外,学生可根据自己的意愿取得表 1 所示职业资格证书的若干项。

本专业可取得的职业资格证书　　表 1

序号	职业资格证书名称	颁 证 机 关	等级
1	汽车维修工(必选项)	国家劳动和社会保障部	中级
2	汽车电工	国家劳动和社会保障部	中级
3	材料员	国家劳动和社会保障部	中级
4	资料员	国家劳动和社会保障部	中级
5	汽车营销师	国家劳动和社会保障部	
6	鉴定评估师	国家劳动和社会保障部	

4　职业目标

本专业毕业生主要面向汽车后市场服务行业,从事汽车检测、维护、维修、管理等技术工作。专业定位,如表 2 所示。

专业的职业面向及就业岗位　　表 2

服务面向	汽车后市场服务行业
就业部门	汽车维修企业、汽车运输企业、汽车销售服务一体化企业、保险公司、汽车检测企业
就业岗位	汽车机电维修、4S 店生产管理、技术服务、配件管理、汽车营销、车损查勘理赔、汽车性能检测服务

5　职业能力

5.1　岗位描述

本专业毕业生的就业领域主要为汽车维修企业、汽车制造企业、汽车运输和检测企业、保险公司等。其岗位及能力要求,如表 3 所示。

岗位及能力要求　　表3

岗位名称	岗 位 描 述	素 质 与 能 力 要 求
汽车机电维修（核心岗位）	负责组织实施汽车的各级别维护保养；组织实施对故障车辆进行检测、诊断和维修；与相关人员进行业务沟通和技术交流	①具有良好的班组内部协调能力，能较好地与部门领导、业务人员及客户进行沟通； ②能够进行汽车各系统总成检测、诊断和维修； ③会进行汽车电子控制系统的检测、诊断和维修； ④熟悉汽车维修作业流程
汽车检测（核心岗位）	汽车检测与试验	①掌握国家汽车性能与试验标准； ②熟练操作试验仪器和设备
汽车前台接待（相关岗位）	负责售后服务客户汽车进厂维修保养的接待和基本故障的诊断工作；与客户保持服务跟踪；与保险理赔、维修等部门进行沟通联系	①有较好的部门组织协调能力，能较好地与部门领导和维修人员进行沟通； ②能够与客户进行有效沟通，准确了解客户需要，了解汽车故障现象； ③熟悉汽车构造，具备汽车维修诊断能力，能够对车辆故障做初步的分析判断，正确填写报修通知单，出具接车单； ④掌握汽车售后服务作业流程及电脑操作，熟练使用维修企业管理软件
配件管理（相关岗位）	负责配件入库验收，清点配件数量，检查质量，办理入库手续；负责配件上架，分类整理；负责配件发放，办理出库手续；确保库存准确，做好配件盘点工作；负责保管各类业务单据并归类存档；完成部门经理交办的其他工作	①熟悉汽车4S店售后服务流程； ②具备汽车配件库存管理基础知识； ③熟悉汽车的基本结构，具备一定的市场洞察力和配件质量鉴别能力； ④沟通能力强、电脑操作熟练、有敬业精神和团队意识
汽车营销（相关岗位）	整车及配件销售、二手车销售、汽车营销策划	①具有良好的团队合作精神和客户服务意识； ②掌握客户心理分析与应变能力； ③具有汽车性能分析与评价能力； ④掌握二手车鉴定和评估方法，熟悉汽车市场和国家有关二手车管理规定； ⑤掌握不同环境下汽车技术综合运用与管理知识与技能
车辆事故勘查（相关岗位）	负责机动车辆出险后的现场查勘；机动车辆的损失鉴定、评估及理赔；撰写评估报告并跟踪审核过程	①有较好的部门组织协调能力，能较好地与客户、维修企业进行沟通； ②会进行事故车查勘作业流程和操作； ③熟悉汽车构造，掌握汽车维修诊断能力； ④了解保险理赔知识和流程，可以使用事故车估损管理软件，会电脑操作

5.2　典型工作任务及工作过程

汽车运用技术专业各工作岗位典型工作任务及工作过程，如表4所示。

典型工作任务及工作过程　　　　表4

序号	典型工作任务	工作过程
1	汽车各系统的使用与操作	①车辆操作手册的阅读与应用； ②汽车各系统的使用操作； ③指导客户操作车辆各系统，并予以解释说明； ④车辆紧急情况下的安全操作
2	汽车各系统的测量与检查	①选择测量方法和测量装置，估计测量误差； ②正确使用常用机械部件、电气部件的测量仪器； ③检查电气零部件和线路连接的破损情况； ④正确使用工具进行间隙、长度、角度和面积的测量； ⑤正确使用工具测量压力、温度等物理量
3	汽车各系统的维护与保养	①厂商汽车维修保养手册的阅读与应用； ②车辆的移动、举升、支承和安全保护； ③检查机械和电气零部件的磨损、渗漏、变形和性能； ④检查液压、气动和电气线路、接口； ⑤检测更换或维护机油、滤清器、冷却水等； ⑥检查或调整气动系统、液压系统压力； ⑦使用解码器读取故障码； ⑧根据检查记录，计划维修的方案和措施
4	车辆零部件和系统的拆卸与安装	①能识别汽车装配图、公差配合关系； ②拆卸分解汽车零部件和系统，检查并进行归类； ③零部件的整理与清洁； ④检查零部件的状况、变形和公差配合； ⑤根据维修手册进行零部件和系统的安装、调试以及功能和公差配合的检查； ⑥进行基本的维修钳工作业； ⑦记录工作和工作步骤
5	车辆和各系统故障的检测与诊断	①汽车整体性能（动力性、经济性、安全性、操作性、排放等）的测试； ②标准诊断程序的应用：通过经验检查、性能检测、读取故障码，以及对电气、电子、液压、机械等参数的测量和检查，确定故障的范围； ③借助电路图、接线图等资料确定故障的范围及其原因； ④发动机、底盘、电气系统的故障诊断，故障码的读取与解码； ⑤带有发动机电控系统的检查、诊断、维修和调整； ⑥自动换挡机构和自动变速器的检查、诊断、维修和调整； ⑦制动、转向、行驶等控制系统的检查、诊断、维修和调整； ⑧电气系统的检查、诊断、维修和调整； ⑨车身辅助电子系统的检查、诊断、维修和调整； ⑩车辆控制软件的升级与设置； ⑪撰写检查报告、维修结果评价和记录

续上表

序号	典型工作任务	工 作 过 程
6	汽车进厂维修保养的接待和基本故障的诊断	①与客户进行有效沟通,准确了解客户需要,正确了解汽车故障现象; ②对车辆故障做初步的分析判断,正确填写报修通知单,出具接车单; ③与客户保持服务跟踪; ④与保险理赔、维修等部门进行沟通联系
7	配件管理	①配件入库验收,清点配件数量,检查质量,办理入库手续; ②配件上架,分类整理; ③配件发放,办理出库手续; ④库存准确,做好配件盘点工作; ⑤保管各类业务单据并归类存档;完成部门经理交办的其他工作
8	整车及配件销售	①销售准备,包括软件准备和硬件准备,并分析确定营销策略; ②接待客户及客户开发; ③需求分析,了解客户的需求和愿望,提出符合客户需求的产品建议; ④产品演示,介绍产品的功能,阐明产品的优势; ⑤达成销售,准备所有必要的文件,获得销售确认; ⑥新车交付,检查车辆,并与客户确认交货时间; ⑦售后跟踪,建立并巩固客户关系; ⑧分析销售流失情况,做好系统记录
9	机动车辆出险后的现场查勘;机动车辆的损失鉴定、评估及理赔	①接受定损工作通知,做好定损准备; ②确认定损方式和时间、地点,并按约定赶赴定损地点; ③认真查验受损标的,包括对车号、发动机号、车架号的核对,对损失情况进行拍照,拓印发动机号、车架号对需拆解后方能确定损失的,安排拆解的范围; ④确定受损部位、损失项目、损失程度; ⑤与客户协商确定修理方案,包括换件项目、修复项目、检修项目; ⑥对于待查项目应安排进一步拆解和确定方法,并进行二次定损; ⑦将定损单、查勘资料,询、报价单及有关定损资料交核损人员按照有关核损制度规定核损,核损通过后出具损失确认书,并交被保险人

5.3 能力与素质总体要求

根据岗位工作能力要求及典型工作任务分析,确定汽车运用技术专业能力与素质总体要求,见表5。

汽车运用技术专业能力与素质总体要求　　表5

专 业 能 力	社会能力	方 法 能 力
①具备基本的计算机操作能力; ②具备专业必需的机械、电工电子等技术应用能力; ③掌握汽车构造原理和维修诊断知识与技能; ④掌握汽车售后服务知识与技能; ⑤具有安全、文明生产和环境保护的相关知识和技能; ⑥具备正确使用外语专业资料的能力	①具有良好的职业道德,遵纪守法; ②具有良好的人际交流和沟通能力; ③具有良好的团队合作精神和客户服务意识	①制订工作计划的能力; ②解决实际问题的能力; ③独立学习新知识、新技术的能力; ④评估总结工作结果的能力

6 专业培养目标

本专业为自治区及全国培养德、智、体、美等全面发展的应用型人才，这些人才应具备汽车运用与维修技术的基本理论与技能，具有良好的职业道德、职业能力和创新能力，具备汽车一般使用维护能力、汽车技术状况的诊断与检测能力、汽车发动机机械系统和电控系统的诊断与维修能力、汽车底盘机械系统的诊断与维修能力、汽车电气设备诊断与维修能力、汽车空调检修能力、汽车维修计划制订能力、二手车技术状况检测及结果评估能力，技术报告、工作计划等撰写能力。能从事现代轿车的机电维修作业、大型运输车辆维修、汽车性能检测、汽车维修企业业务管理，能从事维修设备管理以及交通安全、车辆保险、汽车及配件营销、汽车租赁等工作的高技能。

6.1 素质培养目标

(1)思想素质：较高的思想觉悟、较强的责任意识、正确的是非观念和道德观，具有崇高的理想信念。

(2)道德素质：正确的人生观与价值观、良好的公德意识、团队合作意识，具有良好的职业道德。

(3)文化素质：良好的文化素养、良好的科学文化素养、良好的职业文化素养和良好的技术文化素养。

(4)身体素质：强健的体质和良好的体育运动能力，具有满足职业工作的身体条件。

(5)职业素质：较强的自学能力、获取和运用专业信息的能力，学习能力、创新意识、团队合作精神；掌握专业工作方法，具有专业工作组织协调能力。

6.2 知识培养目标

(1)基础知识：掌握从事本专业必需的文化基础知识，包括政治理论、数学、英语、计算机应用基础、体育运动理论等。

(2)专业基础知识：掌握与基础技能相适应的识图、测量、机械基础、液压传动等基本知识；掌握较简单电路的分析知识；掌握常用电子电路的工作原理分析和常用电子元件的使用知识。

(3)专业核心知识：掌握汽车的各主要部件及总成的结构和工作原理；掌握汽车综合性能的评价参数和影响因素；掌握汽车维护维修专业知识；掌握合理使用汽车和运行材料的理论知识；掌握企业经营管理、汽车及其配件营销与售后服务的基本理论知识；掌握汽车保险理赔相关知识；掌握汽车专业英语相关知识。

6.3 能力培养目标

我院汽车运用技术专业人才培养目标，依据国家对职业教育的要求、学生实际情况及企业需求等方面，确定为以下三个方面：社会能力、专业能力和方法能力。

(1)社会能力：具有自我发展能力、良好的职业道德和职业习惯，建立良好客户关系交流的能力、与同事交流合作的能力、劳动安全保护意识、技术工作组织协调能力。

(2)专业能力：具备汽车一般使用维护能力、汽车技术状况的诊断与检测能力、汽车发动机机械系统和电控系统的诊断与维修能力、汽车底盘机械系统的诊断与维修能力、汽车电气设备诊断与维修能力、汽车空调检修能力、汽车维修计划制订能力、二手车技术状况检测及结果评估能力，技术报告，工作计划等撰写能力。

(3)方法能力:查阅资料、获取信息的能力,组织技术活动的能力,自主学习、自我发展能力,灵活运用技术方法的能力,对工作结果进行评价的能力。

7　课程体系设计

7.1　课程体系构建思路

在专业建设指导委员会的领导下,校企双方组成专业课程开发专家小组,深入企业单位调研,明确专业面对的职业岗位群及相关职位所具备的职业能力。

根据“一个核心、两个途径、三个环境、五个模块、六个环节”为特色的“前厂后校、工学交替、订单培养”的人才培养模式,与企业深度合作,构建以项目为引领、以工作过程为导向的“德育贯穿、能力本位”516课程体系。

(1)“前厂后校、工学交替、订单培养”人才培养模式

通过行业企业调研、专家论证会的论证,根据职业教育要求和汽车行业发展需求,构建以汽车运用行业发展要求为导向,以培养面向生产和服务第一线的高级技能型人才为目标,充分依托与丰田汽车、雪铁龙汽车和博世公司等知名企业的校企合作项目,逐步形成“一个核心、两个途径、三个环境、五个模块、六个环节”为特色的“前厂后校、工学交替、订单培养”的人才培养模式(见图1)。

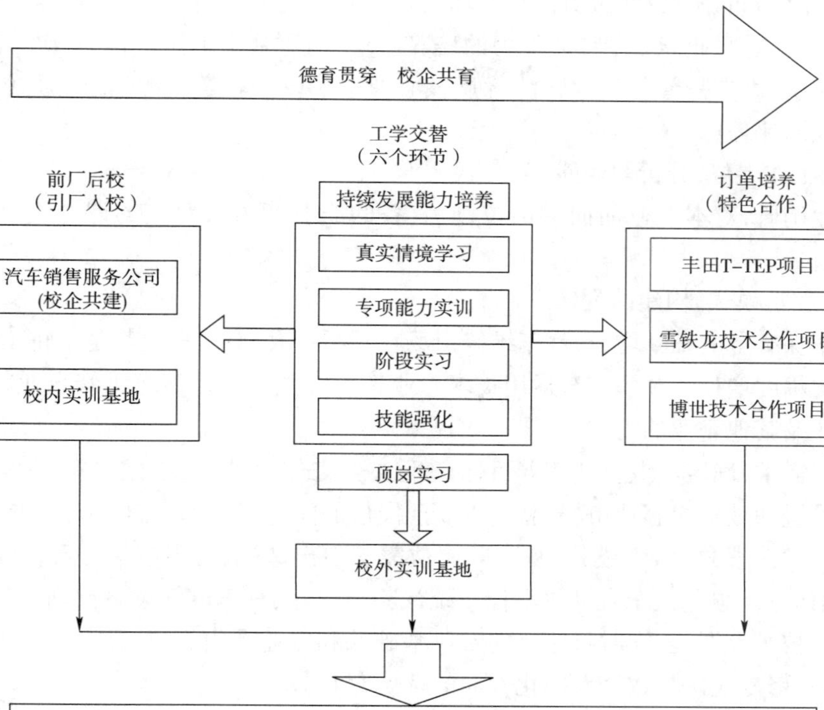

图1　“前厂后校、工学交替、订单培养”人才培养模式

一个核心:以德育教育和职业能力培养为中心,突出学生的一岗多能和多岗适应能力的培养;两个途径:校企合作、订单培养;三个环境:厂校融合,在模拟真实生产场景环境中进行基于

工作过程的课程教学、名企培训，按照企业培训标准进行专项技能提升、校外实训，参加企业实际生产完成顶岗实习；五个模块：学习领域分为可持续发展能力培养模块、专项能力模块，基于工作过程的专业核心课程模块、技能提升模块、拓展模块。六个环节：持续发展能力培养、真实情境学习、专项技能实训、阶段实习、技能强化训练、顶岗实习。

通过教学条件的改善与教学情境的设计，厂校的深度结合，促进"工学结合"的持续发展建设，确保人才培养的质量。

汽车运用技术专业学生的德育教育及职业能力培养，均由学校与企业共同制订培养方案，共同实施育人工作，共同完成学生的教学过程，实现学校与企业的"三共同"。图1为"前厂后校、工学交替、订单培养"人才培养模式。

前厂后校：利用学院的自身优势，深化校企合作，在学院中校企共建汽车销售服务企业，实现厂校融合，以素质教育和职业技能培养为中心，突出学生的一岗多能和多岗适应能力的培养。工学交替（六个环节）：学生自入学后的教学过程划分为持续发展能力培养、真实情境学习、专项技能实训、阶段实习、技能强化训练、顶岗实习六个环节，通过六个环节的培养，充分实现工学结合的教学模式。订单培养：校企合作、订单培养，充分依托丰田、雪铁龙等汽车名企，按照企业人才规格进行培训，以企业培训标准进行专项技能提升、参加企业实际生产实习，最终为企业培养出高技能人才。

通过教学条件的改善与教学情境的设计，厂校的深度结合，促进"工学结合"的持续发展建设，确保人才培养的质量；通过对汽车市场人才需求的充分调研，广泛征求各类汽车服务企业专家的建议，针对职业能力中核心能力的培养要求，构建基于工作过程、阶次递进培养职业能力的课程体系；逐步完善"工学结合"优质核心课程建设及教学资源信息库建设；编制符合国家职业标准的课程标准。

（2）明确工作岗位，分析职业能力

根据企业调研，对本专业面向的岗位，应具备的职业能力及对应的课程进行分析（见图2）。

（3）改革教学模式，构建课程体系

随着汽车保有量的不断增长，汽车维修市场在不断扩大，对汽车尤其是小轿车维修技术人员的需求量大幅度增长。高职汽车运用技术专业教育应主要满足汽车维修企业的需求，兼顾汽车运输企业及其他企业的需求。

根据市场需求，确定本专业的培养目标，破除"三段式"教学模式，建立新的课程体系。

①课程设置和教学内容从市场出发，以职业岗位的能力需求为导向，以学生的综合素质培养为目标，破除"三段式"教学模式，从实际岗位需求引出课题，提出解决方案，开发"宽基础、多模块"课程体系。强化汽车发动机电控系统诊断与维修、汽车电气设备诊断与维修、汽车故障诊断与检测技术等课程，同时将原有的专业基础课和专业课内容进行适当的删减、增补、重组，将其变为必修专业课和数个专门化方向的选修专业课。

②构建以能力为本位的培养方案。从职业分析入手，对职业岗位进行能力分解，确定高职汽车运用技术专业的一般专业能力：应用能力、汽车维修文件阅读能力、汽车驾驶能力；核心专业能力是汽车拆装、检查、修理能力，汽车故障诊断能力，汽车性能检测能力，汽车维修企业管理能力；基本素质要求是：较高的思想品德和职业道德水平、良好的身心素质；最终围绕核心能力的培养形成课程体系。

图2　职业能力分析

③采用模块式教学方式，增加课程设置的灵活性和选择性。采用“大专业、小专门化”的课程组织模式，用本专业职业能力结构中通用部分构筑能力平台，用灵活的模块式课程结构和学分制管理制度满足企业和学生的不同需要。新课程体系把选修专业课按多个专门化方向分为多个模块，可以根据不同的需求，制定不同的专门方向；学生也可以在完成规定的专门化课程后，根据自己的实际情况，选修其他的专门化模块，如电控发动机维修、自动变速器维修、行驶安全系维修、车身电气设备维修等模块，为每一个学生提供适应劳动力市场需要和有职业发展前景的、模块化的学习资源，力求在学习内容、教学组织、教学评价等方面给教师和学生提供选择和创新的空间，构建开放式的课程体系，适应学生个性化发展的需要。

7.2 专业核心能力培养体系设计

依据4项核心能力，确定4门专业核心课程，设计5项核心技能实训项目，如表6所示。

专业核心能力培养体系设计　　表6

核心任务	专业核心能力	专业核心课程	核心技能训练
汽车机械维修	汽车发动机诊断与维修能力	汽车发动机电控系统诊断与维修	汽车发动机维修专项
	汽车底盘诊断与维修能力	汽车底盘电控系统诊断与维修	汽车底盘维修专项
汽车电气维修	汽车电气设备诊断与维修能力	汽车电气设备诊断与维修，汽车车身电气及附属设备诊断与维修	汽车电气设备维修专项
汽车检测	汽车技术状况的诊断与检测能力	汽车故障诊断与检测技术（专业平台课程）	汽车维护保养专项（丰田模式），汽车整车检测专项（雪铁龙模式）

7.3 课程体系模块

根据岗位能力分析，构建基于工作过程的课程体系，课程体系包括五个能力培养模块、一个专业平台，并通过可持续发展能力培养、真实情境学习、专项能力实训、阶段实习、技能强化训练、顶岗实习等六个环节实施。由此思路，构建“516”课程体系。

“516”课程体系强调人才培养的素质教育和德育教育，重视学生能力的养成和提高，突出专业技能的培养（见图3）。

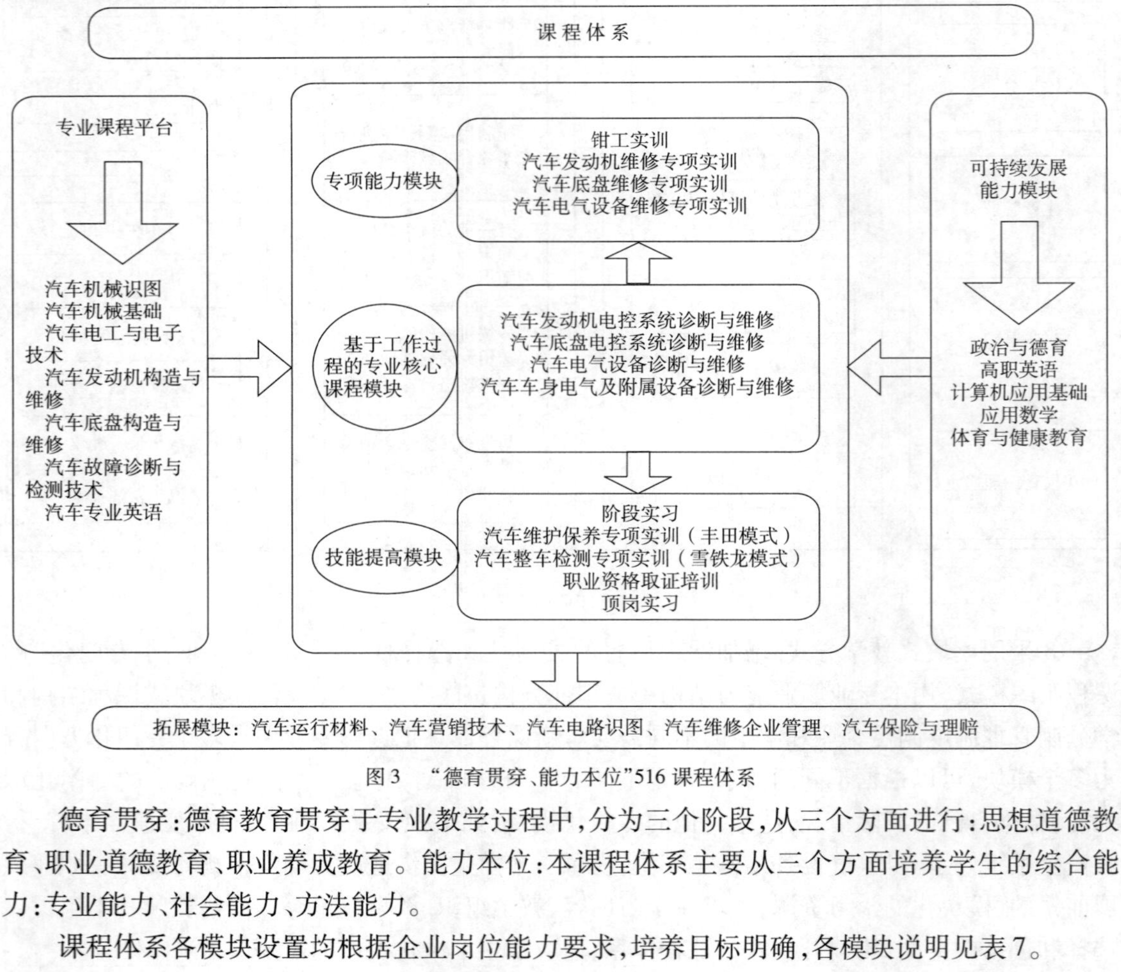

图3 “德育贯穿、能力本位”516课程体系

德育贯穿：德育教育贯穿于专业教学过程中，分为三个阶段，从三个方面进行：思想道德教育、职业道德教育、职业养成教育。能力本位：本课程体系主要从三个方面培养学生的综合能力：专业能力、社会能力、方法能力。

课程体系各模块设置均根据企业岗位能力要求，培养目标明确，各模块说明见表7。

课程体系各模块说明 表7

模块名称	模 块 内 容	培 养 目 标
可持续发展模块	素质教育课程	培养学生可持续发展的能力,提高思想道德修养
专业课程平台	专业基础课程	为专业课程学习打基础
专业核心课程模块	专业核心课程	培养学生的职业技能
专项能力模块	专业课程配套专项实训	强化专业技能,提高职业能力
技能提高模块	校企合作项目实训	培养学生的职业养成,增强职业道德观念
拓展能力模块	专业能力拓展课程	拓展能力,为顶岗实习及将来的就业打下良好的职业能力基础
德育教育	贯穿教学过程的始终	

8 教学进程安排

8.1 教学进程及时间分配

汽车运用技术专业教学进程,如表8所示。

汽车运用技术专业教学进程表(高职) 表8

号	课程类别		课程名称	考核方式	学时数 合计	理论	实践	第一学年 1 2周	1 16周	2 2周	2 16周	第二学年 3 3周	3 15周	4 3周	4 15周	第三学年 5 2周	5 16周	6 18周
1	必修课	公共课程	思想道德修养与法律基础	考察	48	32	16	军训14天	2	钳工实习1周、发动机维修专项1周		底盘维修专项实训1周、汽车维护保养专项(丰田模式+企业实训)2周		汽车电气设备专项1周、汽车整车检测专项(雪铁龙模式+企业实训)2周		职业资格取证培训2周	顶岗实习16周	顶岗实习17周、毕业论文或设计答辩1周
2			新疆历史与民族宗教政策理论教程	考察	48	32	16				2							
3			毛泽东思想与中国特色社会主义概论	考察	64	36	28						2					
4			形势与政策	考察	64	32	32											
5			体育	考察	128	16	112		2		2		2		2			
6			高计算机应用基础	考试	72	22	50		4									
7			高职英语	考试	72	72	0				4							
8			应用数学	考察	72	72	0				4							
9			军事课	考察	148	36	112											
10			入学、安全教育	考察	36	12	24											
			小计		752	362	390											
11		专业平台课	汽车机械识图	考试	96	78	18		6									
12			汽车机械基础	考试	96	60	36		6									
13			汽车电工与电子技术	考试	96	56	40		6									
14			汽车发动机构造与维修	考试	96	50	46				6							
15			汽车底盘构造与维修	考试	96	50	46				6							
16			汽车故障诊断与检测技术	考试	90	48	42								6			
17			汽车专业英语	考察	60	48	12								4			
			小计		630	390	240											
18		专业核心课	汽车底盘电控系统诊断与维修	考试	90	44	46								6			
19			汽车电气设备诊断与维修	考试	90	44	46						6					
20			汽车发动机电控系统诊断与维修	考试	90	52	38						6					
21			汽车车身电气及附属设备诊断与维修	考试	60	32	28						4					
			小计		330	172	158											
22		专业核心课	汽车维修企业管理	考试	34	30	4						2					
23			汽车运行材料	考察	30	22	8						2					
24			汽车营销技术	考察	32	20	12				2							
25			汽车电路识图	考察	60	48	12								4			
26			汽车保险与理赔	考察	60	44	16								4			
			小计		216	164	52											
27		综合实践课	钳工实训	考察	26	0	26											
28			汽车发动机维修专项实训	考察	26	0	26											
29			汽车底盘维修专项实训	考察	26	0	26											
30			汽车电气设备维修专项实训	考察	26	0	26											
31			汽车维护保养专项实训(丰田模式)	考察	52	0	52											
32			汽车整车检测专项实训(雪铁龙模式)	考察	52	0	52											
33			职业资格取证培训与考核	考察	52	6	46											
34			毕业设计及论文答辩	考察	26	0	26											
35			顶岗实习	考察	924	0	924											
			小计		1210	6	1204											
36	选修课		就业指导与创业教育(必选)	考察	36	20	16											
37			心理健康教育(必选)	考察	36	20	16											
38			柴油机电子控制技术	考察	20	20	0											
39			汽车文化	考察	20	12	8											
40			车载网络技术	考察	20	20	0											
			小计		132	92	40											
			总学时及周学时		3270	1186	2084		26		26		24		26			

8.2 专业实验实训实习设置及学时安排

本专业集中实训主要有两大类:与课程衔接的单项技能实训、综合能力提升实训。期中与课程相衔接的专项维修实训有汽车发动机维修专项实训、汽车底盘维修专项实训、汽车电气设备维修专项实训;钳工实训综合能力提升实训包括:汽车维护保养专项、汽车整车检测专项(见表9)。

专业实验实训安排　　表9

单项技能实训安排			
序号	实训项目	实训要求	学时安排
1	钳工实训	掌握安全操作规程;熟练掌握划线、锯、锉、钻孔、铰孔、攻螺纹等基本操作技能;同时能正确掌握各种钳工操作工艺和理论知识,正确使用常用工(量)具	26学时
2	汽车发动机维修专项实训	依据下达的作业工单要求,在教师的指导下,在规定的作业时间内正确使用维修工(量)具、设备,依据维修资料和技术标准,制定合理的维修工艺,准确规范地完成发动机拆卸、清洗、检测、装配与调试等作业内容,同时能做好维修记录,达到发动机维修技术条件的要求	26学时
3	汽车底盘维修专项实训	依据下达的作业工单要求,在教师的指导下,在规定的作业时间内正确使用维修工(量)具、设备,依据维修资料和技术标准,制定合理的维修工艺,准确规范地完成底盘各总成及零部件拆卸、清洗、检测、装配与调试等作业内容,同时能做好维修记录,达到底盘维修技术条件的要求	26学时
4	汽车电气设备维修专项实训	依据下达的作业工单要求,在教师的指导下,在规定的作业时间内正确使用维修工(量)具、设备,依据维修资料和技术标准,制定合理的维修工艺,准确规范地完成汽车电气各总成及零部件拆卸、检测、更换、装配与调试等作业内容,同时能做好维修记录,达到汽车电气维修技术条件的要求	26学时
综合实训安排			
序号	实训项目	实训要求	学时安排
5	汽车维护保养专项实训	按照丰田企业汽车快修工位的生产要求,以及丰田企业的标准流程和工序,在规定工时内,以小组合作或独立工作的形式,完成汽车40000km维护保养的内容。学习过程中要求学生自觉遵守安全、环保作业规范的工作要求,培养安全意识、团队合作意识及解决实际问题的能力	52学时(其中企业实训26学时)
6	汽车整车检测专项实训	按照雪铁龙培训体系进行以汽车综合故障诊断为主,全面培养学生解决实际生产问题的能力培养,使学生掌握先进仪器设备的使用方法,并能够对汽车综合性能进行检测分析,提出合理的解决办法。学习过程中要求学生自觉遵守安全、环保作业规范的工作要求,培养安全意识、团队合作意识	52学时(其中企业实训26学时)

8.3 教学课程设置及课时比例表

教学课程设置及课时比例,如表10所示。

教学课程设置及课时比例

表 10

课程类别	总学时	理论学时	实践学时	占总学时比例(%)
公共课程	752	362	390	23.4
专业平台课	630	390	240	19.6
专业核心课	330	172	158	10.5
专业拓展课	152	112	40	4.7
综合实践课	286	6	280	8.9
顶岗实习	924	0	924	28.8
选修课	132	92	40	4.1
合计	3206	1134	2072	100
理论教学学时与实践教学学时的比例			1:1.8	

8.4 全学程时间安排表

全学程时间安排,如表 11 所示。

全学程时间安排表(周)

表 11

学 年	学期	课堂教学	校内实训	校外实训	顶岗实习	军训	入学教育	毕业答辩	本学期总周数
第一学年	1	16				2	与军训同步		18
	2	16	2						18
第二学年	3	15	3						18
	4	15	3						18
第三学年	5		2		16				18
	6				17			1	18
小计		62	10		33	2		1	108

9 专业核心课程说明

9.1 汽车发动机电控系统诊断与维修(表 12)

表 12

课程名称	汽车发动机电控系统诊断与维修	建议学时	90 学时
课程目标:本课程以工作过程为导向,确定与发动机电控系统相关的汽车维修企业工作任务。设计具体工作任务为载体的教学情境,完成一个教学情境,即完成一个工作任务,在完成工作任务的同时,学生应掌握相关的知识内容,具备相应的技能,同时全面培养学生的职业关键能力。 ①了解电控技术在发动机上的应用; ②掌握发动机各电控系统的类型、特点、主要组成; ③掌握发动机各电控系统主要部件的类型、作用; ④理解各电控系统的基本工作原理,具有分析简单电路的逻辑思维能力; ⑤掌握电控发动机故障诊断的程序和方法; ⑥识别发动机电控系统的主要部件,了解其在车上的布置及连接关系; ⑦掌握电控发动机使用维护注意事项,具备检测电控系统主要部件的实际操作能力; ⑧具备电控发动机初步的故障诊断和分析能力			

续上表

<table>
<tr><td>课程名称</td><td>汽车发动机电控系统诊断与维修</td><td>建议学时</td><td>90 学时</td></tr>
<tr><td colspan="4">课程内容：
①发动机电控系统认识；
②汽油机燃油喷射系统；
③汽油机电控点火控制系统；
④汽油机辅助控制系统；
⑤汽油机集中控制系统实例；
⑥柴油机电控系统；
⑦电控发动机的合理使用及维护；
⑧常见车型发动机电控系统故障的自诊断；
⑨汽油机电控系统常见故障的诊断与排除</td></tr>
<tr><td colspan="4">教学评价：采用过程评价、知识评价和实践操作评价的形式来评定。对学习任务评价的重点要突出实践操作的评价</td></tr>
<tr><td colspan="4">教学建议：①在教学过程中，应立足于加强学生实际操作能力的培养，采用项目教学，以工作任务引领提高学生学习兴趣。②本课程教学的关键是现场教学，应选用典型车型为载体，在教学过程中，教师示范和学生分组讨论、训练互动，学生提问与教师解答、指导有机结合。③紧密结合职业技能证书的考证，加强考证的实践操作项目的训练，在实际操作过程中，使学生掌握发动机电控系统的检测，提高学生的岗位适应能力。④重视本专业领域新技术、新工艺、新材料发展趋势，贴近生产实际，应用多媒体、投影等教学资源辅助教学，加深学生对课程知识的理解和掌握</td></tr>
</table>

9.2 汽车底盘电控系统诊断与维修（表 13）

表 13

<table>
<tr><td>课程名称</td><td>汽车底盘电控系统诊断与维修</td><td>建议学时</td><td>90 学时</td></tr>
<tr><td colspan="4">课程目标：本课程以底盘电控系统的诊断与维修为线索来进行，并最终达到掌握底盘电控诊断技能的目标。在教学过程中，通过校企合作、校内实训基地建设等途径，采取工学结合、开放实训室等形式，充分开发教学资源，为学生提供充分的实践机会。通过过程评价、知识评价和实践操作评价的形式来评定项目教学效果。
①能分析电路符号和简单的电路图，会使用诊断设备进行测量。
②会使用拆装工具，掌握正确拆装、检测液力变矩器、自动变速器油、齿轮机构、换挡执行元件、阀体、电磁阀、传感器和开关的方法。
③会使用拆装工具，掌握正确拆装、检测制动防抱死系统传感器、执行器、液压控制系统和电控系统的方法，掌握液压系统泄压和放气方法。
④会使用拆装工具，掌握正确拆装、检测驱动防滑转系统传感器、执行器、液压控制系统和电控系统的方法。
⑤会使用拆装、检测工具，掌握电子稳定性系统传感器和电控系统的故障诊断排除方法。
⑥会使用拆装、检测工具，掌握汽车电控悬架减振器阻尼力及其控制机构、弹簧刚度及其控制机构和电控系统的故障诊断和排除方法。
⑦会使用拆装、检测工具，掌握汽车电控动力转向系统、四轮转向系统及其电控系统的故障诊断和排除方法</td></tr>
<tr><td colspan="4">课程内容：
①电控自动变速器故障诊断与维修；
②电控防抱死制动系统故障诊断与维修；
③电控驱动防滑控制系统故障诊断与维修；
④电子稳定程序控制系统故障诊断与维修；
⑤电子控制悬架系统故障诊断与维修；
⑥电控动力转向系统故障诊断与维修；</td></tr>
<tr><td colspan="4">教学评价：采用过程评价、知识评价和实践操作评价的形式来评定。对学习任务评价的重点要突出实践操作的评价</td></tr>
<tr><td colspan="4">教学建议：主要采用理论教学和实训教学的一体化，多种教学方法相结合</td></tr>
</table>

9.3 汽车电气设备诊断与维修(表 14)

表 14

<table>
<tr><td>课程名称</td><td>汽车电气设备诊断与维修</td><td>建议学时</td><td>90 学时</td></tr>
<tr><td colspan="4">课程目标:本课程通过任务引领型的项目活动,使学生掌握汽车电气系统的结构和原理,能熟练使用维修中常用的工(量)具和设备,使学生具有对汽车电气系统进行维护和检修的技能,熟悉汽车整车电气系统的线路,具有对汽车电气系统故障诊断与排除的能力。①会对汽车充电电路(如蓄电池维护、发电机拆装与检测、充电电路)故障进行诊断与维修。②会使用拆装工具,掌握正确拆装、检测起动机、电动门窗、中央门锁、电动后视镜、风窗刮水器的方法。③会使用拆装、检测工具,会诊断与维修照明(远近光灯、防雾灯、阅读灯)信号灯(转向灯、应急灯、制动灯、电喇叭)电路故障,掌握仪表和显示系统的故障诊断与排除方法。④会使用拆装、检测工具,掌握发动机电子控制系统、安全气囊、防盗系统故障诊断排除方法。⑤会使用拆装、检测工具,掌握汽车空调制冷系统的加装及检漏及控制系统的检修方法;掌握汽车音响的拆装方法及故障诊断及排除技能;会分析查找导航系统的故障。⑥会使用拆装、检测工具,掌握利用电路图进行全车电路分析方法,会全车电路综合故障诊断与故障排除</td></tr>
<tr><td colspan="4">课程内容:
①诊断与修复汽车电源系统;
②诊断与修复汽车起动系统;
③诊断与修复汽车点火系统;
④诊断与修复汽车电动座椅、电动车窗、电动后视镜系统;
⑤诊断与修复汽车中央门锁与防盗系统;
⑥诊断与修复汽车刮水器、除霜及清洗系统,诊断与修复汽车灯光系统;
⑦诊断与修复汽车仪表系统;
⑧汽车空调系统维修与检测;
⑨汽车车载导航系统的诊断与修复;
⑩汽车安全气囊与安全带系统的诊断与修复;
⑪汽车全车电路综合故障诊断</td></tr>
<tr><td colspan="4">教学评价:采用过程评价、知识评价和实践操作评价的形式来评定。对学习任务评价的重点要突出实践操作的评价</td></tr>
<tr><td colspan="4">教学建议:主要采用理论教学和实训教学的一体化,多种教学方法相结合</td></tr>
</table>

9.4 汽车车身电气及附属设备诊断与维修(表 15)

表 15

<table>
<tr><td>课程名称</td><td>汽车车身电气及附属设备诊断与维修</td><td>建议学时</td><td>60 学时</td></tr>
<tr><td colspan="4">课程目标:引领的项目活动,使学生掌握汽车车身电气及附属设备的结构、工作原理及检测方法。能熟练使用维修中常用的工(量)具和设备,使学生具有对汽车车身电气系统进行维护和检修的技能,具有对汽车车身电气系统故障诊断与排除的能力</td></tr>
<tr><td colspan="4">课程内容:
①电动车窗、电动后视镜系统构造与检修;
②汽车中央门锁与防盗系统构造与检修;
③汽车空调系统维修与检测;
④汽车车载导航系统的诊断与修复;
⑤汽车安全气囊与安全带系统的诊断与修复</td></tr>
<tr><td colspan="4">教学评价:采用过程评价、知识评价和实践操作评价的形式来评定。对学习任务评价的重点要突出实践操作的评价</td></tr>
<tr><td colspan="4">教学建议:主要采用理论教学和实训教学的一体化,多种教学方法相结合</td></tr>
</table>

10 质量监控保障机制

10.1 教学质量监控体系的总体构架

从组织机构、教学文件、管理制度等几个方面，建立健全涵盖教、学、管等方面的教学管理制度体系，有效调动各方面的积极性，为教学质量监控与评价体系的正常运行提供有力保障。

通过教学管理制度体系和教学质量监控与评价体系建设，构建科学合理、持续完善的教学质量体系。建设《分院教学质量管理制度》对教学运行全过程、全方位进行监督，对教学活动进行控制和调节。

从健全监控教学实施过程方面入手，建立由分院、教研室、教师组成的教学质量监控与评价体系。通过日常教学检查、学生评教等全面及时地掌握教学过程各环节的教学活动信息，发现教学中存在的问题，进行积极的分析和反馈，对教学活动进行控制和调节。

严格落实期中、期末教学检查制度，及时对教学实施情况进行检查，对教学中教与学的活动和效果进行及时判断，发现教学中存在的问题应及时改进，使之按既定的人才培养目标运行，从而保证人才培养质量的不断提高。

建立激励机制，实施绩效考评，在各项政策上激发教师的工作积极性，根据“择优聘任、目标管理”的原则，充分发挥专业带头人的核心作用，形成“专业带头人＋业务骨干”的人才集成模式，充分激发教师参与专业建设的热情。

教学质量监控体系的总体架构，如表16所示。

教学质量监控体系总体构架　　表16

<table>
<tr><td rowspan="17">教学质量监控体系的总体构架</td><td rowspan="3">目标体系</td><td>明确各教学环节的培养目标</td></tr>
<tr><td>明确各课程培养目标</td></tr>
<tr><td>构建人才培养质量体系</td></tr>
<tr><td>组织体系</td><td>学校、系院、教研室构成三级监控组织</td></tr>
<tr><td rowspan="3">方法体系</td><td>常规教学组织：根据教师培养方向安排教学任务，严格按照课程标准进行课程教学。实训教学按照课程实训项目进行</td></tr>
<tr><td>教师课程教学质量评价：教学内容的选取情况、教学方法、学生反馈</td></tr>
<tr><td>教学信息监控</td></tr>
<tr><td rowspan="10">制度体系</td><td>各主要教学环节质量标准</td></tr>
<tr><td>听课制度</td></tr>
<tr><td>教学督导制度</td></tr>
<tr><td>学生教学信息员制度</td></tr>
<tr><td>教师职称评定教学质量一票否决制</td></tr>
<tr><td>教师教学工作考核制度</td></tr>
<tr><td>主讲教师、新开课和开新课教师资格审核制度</td></tr>
<tr><td>教学事故责任追究制度</td></tr>
<tr><td>学生选课制度</td></tr>
<tr><td>教师教学竞赛制度</td></tr>
</table>

续上表

<table>
<tr><td rowspan="6">教学质量监控体系的总体构架</td><td rowspan="6">反馈调控体系</td><td>常规教学检查反馈调控</td></tr>
<tr><td>专项评估反馈调控</td></tr>
<tr><td>教学质量评价反馈调控</td></tr>
<tr><td>教学督导反馈调控</td></tr>
<tr><td>学生教学信息反馈调控</td></tr>
<tr><td>毕业生社会评价反馈调控</td></tr>
</table>

10.2 专业教学质量控制

专业教学质量控制，主要通过专业教学基本要求、专业教学环节设计和专业实践教学体系构建三个方面实现。

(1)专业教学基本要求，见表17。

专业教学基本要求　　表17

序号	监控项目	内容
1	教师执教能力要求	课程安排根据教师的培养方向
2	教学组织要求	根据课程标准进行教学内容的组织安排
3	实训教学要求	实训计划、分组率、实训报告
4	教师考核要求	教学组织效果、教学方法
5	学生考核要求	知识掌握、能力提高
6	课程综合评价	内容实用程度、实验开出率、理论与实践比例

(2)专业教学环节设计

①素质教育保障：德育贯穿

“德才兼备、创新发展”是汽车维修企业对人才要求的核心。依据企业的需求，汽车运用技术专业形成了“德育贯穿始终、突出实践教学”的教学特色。

汽车运用技术专业一向注重学生的德育教育，制订了科学合理的德育教育计划，将德育教育分为三个阶段(一个学年为一个阶段)，从三个方面(思想道德教育、职业道德教育、职业养成教育)进行，具体实施情况如图4所示。

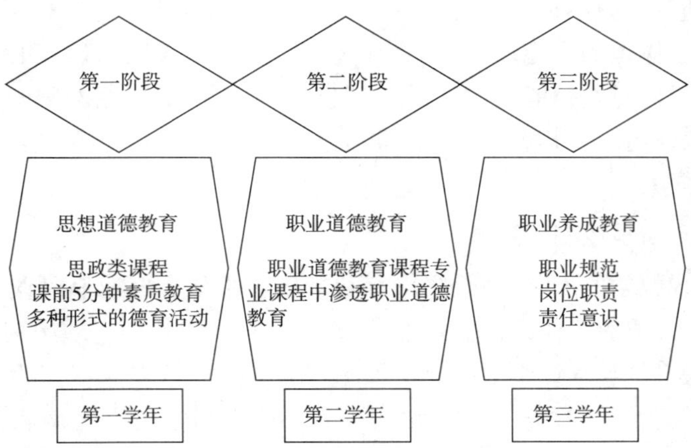

图4　汽车运用技术专业德育教育规划

②核心课程教学质量保障

理论与实践的比例基本保证为1:1。与核心课程教学相应的有专项实训，如《汽车电气设备诊断与维修》课程教学结束后开设《汽车电气设备维修专项实训》1周。

(3)专业实践教学体系构建

汽车运用技术专业教学的一大亮点是实践教学体系完备，注重实践教学，学生的专业操作能力突出(见图5)。

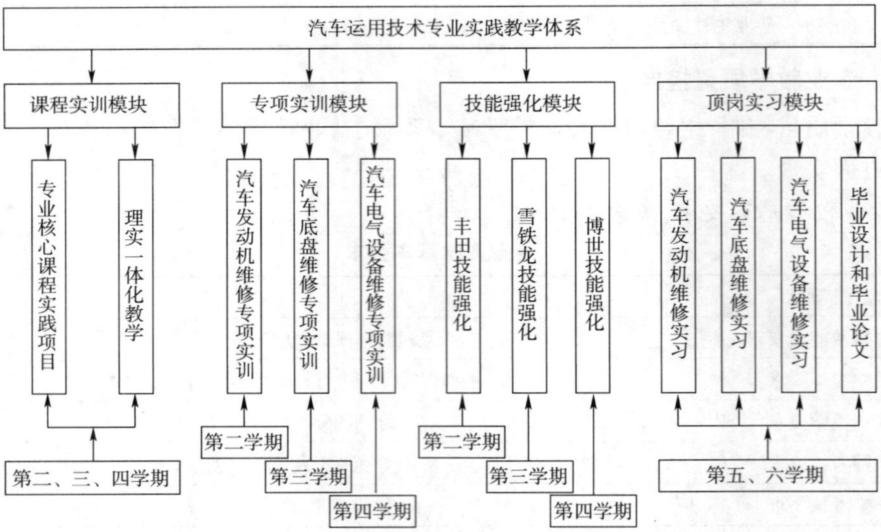

图5　汽车运用技术专业实践教学体系

根据汽车运用技术专业培养目标，本专业在改革人才培养模式的基础上深入强化工学结合，突出实践能力培养，通过切实可行的实践教学活动，提高学生政治思想素质和综合能力，深化教育教学的效果。

汽车运用技术专业根据毕业生面向的就业岗位，按照实践教学的内在规律和与理论知识的联系，制定切合实际的实践教学体系，在实践中使学生真正掌握职业岗位群所必需的基本技能、专业综合能力。

根据实践教学培养目标及要求，本专业实训教学环节本着"注重基础、强化技能"的指导思想，对传统的实训教学内容进行大力改革，为学生的综合能力培养开拓了更多的途径。

本专业实践教学体系的实施通过"四个环节"实现"四个关联"，即核心课程教学与专项实训相关联——夯实学生专业技能；技能强化实训与企业生产实际相关联——提高学生专业综合能力；职业资格取证与岗位相关联——提高学生就业竞争能力；顶岗实习与就业相关联——增强学生社会适应能力。

10.3　顶岗实习质量控制

顶岗实习是实践教学的重要组成部分，有利于毕业生适应就业制度改革，拓宽就业渠道；有利于学生融入社会，适应工作岗位做好准备；有利于用人单位通过顶岗实习发现并选用优秀人才；也有利于用人单位与毕业生之间互相了解、相互考察、双向选择。为了保证顶岗实习的顺利进行，加强顶岗实习管理、确保顶岗实习质量、不断提高学生的就业竞争力，巩固学生的专业知识和扩大社会知识面，提高学生的职业技能和综合素质，促使学生加强理论联系实践，成为德才兼备、有理论、能操作、会管理的实用人才，特制订本实习计划。

教学定位：顶岗实习实训，是在完成所有的理论与实践教学环节后，在毕业前的综合性顶岗生产实习。

主要任务：使学生开阔视野，充实专业知识，以及进行维修操作，进行生产和技术管理等多方面的训练，从而获得从事本专业实际工作的初步能力，并为毕业论文做好必要的准备工作。

基本要求：了解目前汽车运输和维修企业的现状；基本掌握 2 ~4 个总成的维修操作技能；收集毕业论文的有关资料。

为了确保学生顶岗实习的教学质量，采取以下三个阶段对实习质量进行监控。

第一阶段即准备阶段：联系学生的实习工地和岗位，要求在实习之前完成对学生实习岗位和工地的确定；与此同时，制订学生顶岗实习计划，明确实习目的和要求，制订详细的实习实施方案，召开实习动员大会。

第二阶段即实习过程监控与管理阶段：聘请企业相应岗位的工程师作为实习学生的实习指导教师，学生到工地后组织学生进行岗前培训，明确岗位技能的要求和各种规章制度。学校带队教师进行各个环节的监控与管理；学院与系部不定期进行现场巡查，同时在网上建立顶岗实习管理系统，随时监控学生顶岗实习情况。

第三阶段即考核评价阶段：实习结束前，由企业与工程师对学生的岗位技能和实习表现进行考核评价，再由系部组织带队教师对学生进行综合能力及实习效果的考核。

汽车运用技术专业课程标准

一、专业平台课程标准

《汽车机械识图》课程标准

【课程名称】

汽车机械识图

【课程类型】

专业平台课程

【总 学 时】

96学时(理论:78;实践:18)

【分　　制】

100分

【适用专业】

汽车运用技术专业、汽车电子技术专业、汽车检测与维修技术专业、汽车整形技术专业

【课程性质】

《汽车机械识图》是高职汽车运用技术专业的一门专业平台课程,本课程的主要任务是培养学生具有一定绘制和识读机械图样的能力、空间想象和思维能力。

1　前言

1.1　课程定位

《汽车机械识图》是汽车运用技术专业的一门专业平台课程;课程设置目的是通过本课程的学习和实践,为本专业后续核心课程奠定识图基础,增强学生看图能力和解决问题的能力。学生通过本课程的学习能够运用机械识图知识分析汽车机械系统构造与工作原理,为学生达到本专业人才培养目标打下基础。

1.2　设计思路

该课程是综合依据汽车运用技术专业人才培养方案中"相关工作任务与职业能力分析表"中的"机械设备维修与使用"工作任务可分为八个学习情境,在先让学生对汽车上的零件与机械加工工艺流程有一定的了解基础上,通过汽车机械识图基本知识、投影法的学习、

机件三视图的画法、零件图与装配图的识读、零件测绘学习情境的学习，掌握本课程的学习目标。

本项目设计以识读汽车部件零件图与装配图为线索来进行，并最终达到掌握看图与零件测绘的学习目标。在教学过程中，通过校企合作、校内实训基地建设等途径，采取工学结合、开放实训室等形式，充分开发教学资源，为学生提供充分的实践机会。通过过程评价、知识评价和实践操作评价的形式来评定项目教学，对项目评价的重点要突出实践操作的评价，以此重点反映学生对相关知识的掌握，并体现学生对相关职业能力的掌握程度。课程教学评价以各项目按比例构成。

2 课程目标

2.1 总体目标

通过任务引领的项目活动，学生能够掌握汽车机械识图的理论知识与相关技能。在熟悉识图基本知识和技能、学会投影法的应用，基本掌握零件图与装配图识读基础上，掌握机械设备装配图工作原理的分析与生产应用，培养学生识读汽车零件图及装配图的能力。

2.2 具体目标

(1)知识目标

①熟悉和掌握国家标准的有关规定；

②掌握正投影法的基本理论及对三维立体及其相互位置的分析方法，并能画出三维立体的二维投影图；

③能阅读零件图与装配图的机械图样。

(2)能力目标

①能用正投影法绘制表达零件形状；

②能对汽车上的零部件进行测绘；

③会根据装配图与简单资料分析工作原理与装配特点，并对其进行装配。

(3)素质目标

①通过学习本课程，学生能够养成一丝不苟、勤学苦练、严格要求、精益求精的学习与工作态度与作风；

②养成严格遵守、认真贯彻有关国家识图及机械行业标准的行为规范，为今后继续遵守行业规范奠定基础；

③提高学生综合素质。

3 课程内容与要求

本课程的课程内容及教学要求，如下表所示。

序号	学习任务	课程内容及教学要求	活动设计	学时
1	绘制平面图形	①能正确使用识图中使用的常用国标； ②能对平面图形进行图形分析及绘制； ③能对平面图形进行正确的尺寸标注； ④能正确使用绘图仪器； ⑤能严格遵守、认真贯彻有关国家识图标准	①以绘制平面图形为学习任务，展开学习国标有关图纸幅面、字体、比例、尺寸等相关知识； ②采用任务教学法，使学生的学习有目的性，提高教学效果	8

续上表

序号	学习任务	课程内容及教学要求	活动设计	学时
2	绘制基本体三视图	①能分析平面立体与曲面立体的形体特征； ②能熟练绘制点、线、面的三面投影； ③能熟练绘制多方位放置的基本体的三视图； ④能分析截切和相贯体的形成过程，并绘制截交线与相贯线； ⑤建立空间形体的概念	①用模型形体的表达引入三视图的概念； ②采用画实物三视图来表达形体的方法强化三视图的概念； ③教学过程中尽量采用模型、多媒体、自制模型教学结合的方式； ④通过大量练习实现上述逆过程（由三视图想象形体形状），这需要学生做大量练习进行强化	12
3	绘制组合体三视图	①能分析组合体的组合形式现形体的形状特点； ②能对组合体进行形体分析及进行三视图的绘制； ③能对组合体进行尺寸标注； ④能根据三视图（视图）想象形体空间形状	①建议教学用组合体实物模型，分析组合体的组合方式、连接方式及其投影特点； ②举例说明组合体形体分析的方法（实物模型、电子模型），熟练掌握形体分析法，了解线面分析法； ③学生通过练习加强理解	10
4	绘制轴测图	①能用平面图表示立体； ②能绘制形体正等测图； ③能绘制形体斜二测图； ④进一步巩固空间立体的概念	①用实物举例说明轴测图的画法； ②重点说明轴测图的绘制特点及轴测图与三视图之间的关系； ③让学生明确学习本章节目的	10
5	绘制机械零件图形	①能对机件进行分析，确定最佳表达方案； ②能熟练识读与应用国家标准规定的视图方法（基本视图、斜视图、局部视图）； ③能将三视图改画成剖视图（复杂零件）； ④能识读用机件用任意表达方法（国标规定）表达的机件	①建议上课时教师给学生展示一些汽车零件，引入本章节内容； ②教学过程中充分利用电子模型对零件结构进行分析与展示，引入国标规定的各种机件表达方法； ③本章教学重在对机件表达方法概念的讲解与应用举例上	10
6	标准件与常用件的画图	①能正确识读与绘制标准件和常用件的规定画法与标注； ②能查表了解标准件与常用件的各项参数	①建议教师上课时将标准件与常用件零件带进课堂结合实物进行其讲解； ②结合教材后面的附表讲解标准件的参数； ③重点讲解螺纹与齿轮识读	8
6	零件图识读	①知道零件图所包含的内容； ②能正确识读零件图上的技术要求； ③能识读中等复杂零件图	①通过实例（零件图）说明零件图包含的内容，并按零件图讲解零件图上各项内容； ②尺寸公差与形位公差要求基本了解其标注含义	8
7	装配图识读	①能识读装配图上的几种重要的表达方法； ②能根据装配图了解零件之间的装配关系与装配要求，正确装配零部件； ③能对零部件序号进行编排； ④能根据部件装配图了解其工作原理； ⑤能完成课件测绘	①通过实例（装配图）讲解装配图的内容与表达特点； ②和学生一起识读装配图（3～4 幅装配图）表达的内容与含义	8

续上表

序号	学习任务	课程内容及教学要求	活动设计	学时
8	AutoCAD 画图	①能用 AutoCAD 画平面图形及标注尺寸； ②用 AutoCAD 软件绘制零件图	① 利用教学软件进行作图方法讲解； ②通过 PPT 演示讲解一简单平面图形的完整画法，使学生掌握软件使用要领； ③学生完成一幅平面图形，软件的基本使用	6
9	零件测绘	①能测绘常用机械零件（正确测量、选择表达视图、正确标注尺寸与技术要求）； ②用 AutoCAD 画出测绘零件图	①机械基础实验室和机房上，实物与教学软件相结合进行零件测绘方法的讲解； ②实物讲解零件测绘的方法与步骤后，分组分配测绘零件进行测绘； ③学习成果是一幅 AutoCAD 图	12
机动				2
考核				2
合计				96

4 实施建议

4.1 教材选用

教材选用由卢正平、衣玉兰主编，电子科技大学出版社出版的《机械制图》。

4.2 教学建议

《汽车机械识图》是一门理论与实践相结合的课程，在教学过程中有目的地带领学生到机械加工实习车间和汽车维修车间等工间，让学生了解零件加工的过程和零件的形状特点，增强学生对形体和零件的认知能力，培养学生的空间想象能力。由于课时所限，所以应给学生进行测绘实习只能放在学生放假前的一周时间里。学生经过零件测绘实践、能加深对识读装配图的理解，使学生的看图能力更上一层楼。

4.3 教学考核评价建议

（1）本课程成绩考核内容：学生平时作业情况、大作业情况、考勤情况，以及部件测绘情况综合考核。

（2）本课程考核按照课程标准中考核要求进行考核，考勤占 10%，平时作业占 20%，大作业占 30%，课件测绘占 40%。

（3）学生完成本课程的要求：平时作业、大作业、部件测绘所画图形必须一丝不苟、绘图正确、图线清晰、布局合理。同时在部件测绘过程中注意与其他同学的团结协作，不焦不躁、心平气和地完成工作任务。

4.4 课程资源的开发与应用

（1）积极开发和利用校园网络课程资源，充分利用诸如电子书籍、电子期刊、数据库、数字图书馆、教育网站和电子论坛等网上信息资源，使教学手段和教学方法多样化，提高了学生学习兴趣。

（2）建立学习资料库，推荐国内与专业有关的网站地址，积极引导与培养学生自主学习、资料查询等能力。

4.5 其他说明

(1)鉴于高职生源的多样性,在实施中要编好小组,宜于取长补短,共同提高。

(2)指导教师在进行示范过程中要适时提供相关资料的索引,让学生自己去查阅,确保按时完成任务。

(3)能力培养要求:着重培养学生的自学能力、动手操作能力和分析问题、解决问题的能力。

(4)主讲教师根据本课程标准制订具体的授课计划。

《汽车机械基础》课程标准

【课程名称】

汽车机械基础

【课程类型】

专业平台课程

【总　学　时】

96 学时(理论:60;实践:36)

【分　　　制】

100 分

【适用专业】

汽车运用技术专业、汽车电子技术专业、汽车检测与维修技术专业

【课程性质】

《汽车机械基础》是汽车运用技术专业的一门专业平台课程。通过这门课程的学习,学生能够掌握汽车常用机械机构传动特点及应用,能够进行汽车零部件选用、组合拆装和调试,并能初步掌握汽车修理基础技能。

1　前言

1.1　课程定位

《汽车机械基础》是汽车运用技术专业的一门专业平台课,在专业学习中起到承上启下的作用。通过本课程的学习,培养学生对汽车常用材料、常见机构和常用零件等的认知能力、应用能力及创新能力,使学生建立较强的工程意识,并逐步养成严谨的工作作风。

先导课程:《汽车机械识图》; 并行课程:《汽车电工与电子技术》,后续课程:《汽车发动机构造与维修》、《汽车底盘构造与维修》等。

1.2　设计思路

本课程设置依据是汽车后市场类各专业典型工作岗位和工作任务对职业能力和知识的要求。专业典型工作岗位有各类汽车维修类技术员、营销员、汽车零部件管理与销售从业人员、汽车保险从业人员、二手车评估师等各类技术人员。这些岗位的工作任务是要求学生掌握汽车中常见零件的种类及其材料、标准和技术性能要求,掌握汽车中常用机构的种类和工作原理,掌握汽车常用维修和测量工具的使用和工作原理。

本课程改革了传统的课程体系的内容,贴近工作实际,贯彻先进的教学理念,以服务于汽车后市场为主线,相关知识为支撑,落实"管用、够用、适用"的教学指导思想,以汽车维修所需机械知识为切入点,提高学习兴趣。

其总体设计思路是:打破以学科知识传授为主要特征的传统学科课程模式,转变为以汽车后市场各工作岗位所需知识为中心组织课程内容,并引导学生在学完机械各部分知识的过程中学会将一般机械知识和汽车机械知识的融合,同时构建相关理论知识,发展职业能力。

机械零件的相关知识、常用机构的相关知识、常见液压系统的相关知识,是学生通过本课程的学习后所获得的主要核心知识,且以此为基础并参照汽车后市场所需知识,确定了课程在知识、技能、素质上的教学目标,教学目标体现了对学生能力的培养。

本课程在第一学年第二学期授课,总学时96学时,教学过程中需安排预定的课时做实验。

2 课程目标

2.1 总体目标

《汽车机械基础》作为学生第一次真正接触与汽车结构紧密相关的课程,作为培养学生职业能力和养成职业素养的第一个环节,如何引导学生从复杂的结构中简化、抽象出典型的机械机构、零部件,掌握汽车机械机构传动和零部件特点,以便能进行初步的汽车机械机构分析、应用;如何训练学生从不会使用(不太会使用)简单维修工具,到能够初步安全操作各种常用机械加工设备,正确使用工、量具进行汽车维护生产;如何培养学生学会学习,团结协作,掌握汽车机械修理基础技能,并为后续课程和中、高级维修技能素质的培养打下扎实基础,是设计这门课程的目标和需要解决的问题。

2.2 具体目标

(1)知识目标

通过本课程的学习,学生应达到以下几个要求:

①了解在汽车上常用的各种材料成分、组织、性能等特性;

②熟悉常用的热处理工艺特点、应用;

③了解构件受力分析的基本概念和基本原理;

④了解平面四杆机构的基本类型及其应用,掌握平面四杆机构的基本特性;

⑤掌握平面机构运动简图的绘制;

⑥了解凸轮机构的应用及分类;

⑦熟悉滑动轴承、滚动轴承的类型、特点、组成和结构;

⑧掌握各种传动在汽车中的应用。

(2)能力目标

①能描述汽车常用材料,能合理选用材料;

②能描述常用热处理工艺、操作方法;

③能描述汽车零件常用的加工工艺,能操作常用设备或电动工具;

④能正确操作使用、维护常用机械、设备。

⑤能查阅标准、手册、维修图册,并能利用这些相关资料。

(3)素质目标

①由基础课程结合专业基础课程,培养学生理论紧密联系实践的专业学习作风;

②培养学生吃苦耐劳、严肃认真的工作作风和职业道德;

③培养学生观察问题、提出问题、独立分析问题与解决问题的能力和创新精神。学生在理论学习的同时,强化实践能力的培养。

3 课程内容与要求

课程内容分五个项目,即互换性与测量技术、汽车工程材料、汽车机构分析、汽车常用传动机构及零件的强度计算、液压传动。采用课内讲授、案例分析，实验、实训相结合的教学模式。教学内容围绕基础性和前沿性进行，以培养学生创新思维和实践能力为目的，集传统教学方法及多媒体、案例分析、实验实践、网络资源等现代教育手段，理论联系实际，融知识传授、能力培养和素质教育于一体，并重视培养学生的职业道德、实际动手能力、适应能力、可持续发展能力，提高学生的技术应用能力和综合素质，为后续课程学习、解决生产实际问题打下重要基础。

3.1 学时安排（见表1）

学时安排　　表1

<table>
<tr><th>序号</th><th>项　目</th><th>任　务</th><th>学　时</th><th>小　计</th></tr>
<tr><td>1</td><td rowspan="3">项目一
互换性与测量技术</td><td>任务1:尺寸公差与配合</td><td>6</td><td rowspan="3">12</td></tr>
<tr><td>2</td><td>任务2:形状与位置公差</td><td>4</td></tr>
<tr><td>3</td><td>任务3:表面粗糙度</td><td>2</td></tr>
<tr><td>4</td><td rowspan="3">项目二
汽车工程材料</td><td>任务4:金属材料的性能</td><td>2</td><td rowspan="3">8</td></tr>
<tr><td>5</td><td>任务5:黑色金属</td><td>4</td></tr>
<tr><td>6</td><td>任务6:有色金属与非金属材料</td><td>2</td></tr>
<tr><td>7</td><td rowspan="3">项目三
汽车机构分析</td><td>任务7:机构的组成及汽车常用机构</td><td>12</td><td rowspan="3">26</td></tr>
<tr><td>8</td><td>任务8:物体的受力分析</td><td>10</td></tr>
<tr><td>9</td><td>任务9:平面机构运动分析与回转零件平衡</td><td>4</td></tr>
<tr><td>10</td><td rowspan="4">项目四
汽车常用传动机构及零件的强度计算</td><td>任务10:物体受力变形及其应力分析</td><td>10</td><td rowspan="4">32</td></tr>
<tr><td>11</td><td>任务11:带传动与齿轮传动</td><td>14</td></tr>
<tr><td>12</td><td>任务12:轴、轴承、联轴器与离合器</td><td>6</td></tr>
<tr><td>13</td><td>任务13:连接</td><td>2</td></tr>
<tr><td>14</td><td rowspan="3">项目五
液压传动</td><td>任务14: 液压传动概论</td><td>2</td><td rowspan="3">14</td></tr>
<tr><td>15</td><td>任务15: 液压基本元件</td><td>6</td></tr>
<tr><td>16</td><td>任务16:液压基本回路与汽车典型液压系统</td><td>6</td></tr>
<tr><td colspan="2">机动</td><td></td><td></td><td>2</td></tr>
<tr><td colspan="2">考核</td><td></td><td></td><td>2</td></tr>
<tr><td colspan="2">合计</td><td></td><td></td><td>96</td></tr>
</table>

3.2 具体学习任务及教学要求（见表2）

学习任务及教学要求　　表2

序号	项目	学习任务	活动设计及教学要求	学时
1	项目一 互换性与测量技术	任务1:尺寸公差与配合	①课程可在汽车检测实训室进行，需要多媒体配合； ②以公差带图作为主要内容的主线展开讲解； ③注意在教学过程中选取典型案例，激发学生对检测知识的学习兴趣； ④加强学生对检测仪器的规范操作和使用； ⑤将安全操作知识融入到教学过程中	
		任务2:形状与位置公差		
		任务3:表面粗糙度		

续上表

<table>
<tr><th>序号</th><th>项目</th><th>学 习 任 务</th><th>活动设计及教学要求</th><th>学时</th></tr>
<tr><td rowspan="3">2</td><td rowspan="3">项目二
汽车工程材料</td><td>任务4:金属材料的性能</td><td rowspan="3">①建议课程在课堂进行,并加以多媒体配合;
②建议用案例教学方法实施,将金属材料的性能贯穿其中;
③授课过程中注意积极引导培养学生分析问题的能力;
④结合汽车产品,来具体分析材料的使用工况和场合</td><td rowspan="3">8</td></tr>
<tr><td>任务5:黑色金属</td></tr>
<tr><td>任务6:有色金属与非金属材料</td></tr>
<tr><td rowspan="3">3</td><td rowspan="3">项目三
汽车机构分析</td><td>任务7:机构的组成及汽车常用机构</td><td rowspan="3">①建议课程在课堂进行,并加以多媒体配合;
②以汽车典型机构为载体来讲解,将机构简图的绘制、机械的受力分析融入其中;
③可选取典型案例进行教学,通过举一反三,对机械零件进行运动分析;
④将安全操作知识融入到教学过程中</td><td rowspan="3">26</td></tr>
<tr><td>任务8:物体的受力分析</td></tr>
<tr><td>任务9:平面机构运动分析与回转零件平衡</td></tr>
<tr><td rowspan="4">4</td><td rowspan="4">项目四
汽车常用传动机构及零件的强度计算</td><td>任务10:物体受力变形及其应力分析</td><td rowspan="4">①建议课程在汽车发动机实训室、汽车变速器实训室和汽车机械基础实训室进行,并加以多媒体配合;
②以汽车常用传动机构中的带、齿轮传动主要内容进行讲解,并对相关的轴、轴承、联轴器与离合器作用和原理进行分析;
③可选取汽车产品中典型案例进行教学,理解汽车传动机构的功能及参数;
④操作中注意强调安全操作规程,培养学生安全防范意识</td><td rowspan="4">32</td></tr>
<tr><td>任务11:带传动与齿轮传动</td></tr>
<tr><td>任务12:轴、轴承、联轴器与离合器</td></tr>
<tr><td>任务13:连接</td></tr>
<tr><td rowspan="3">5</td><td rowspan="3">项目五
液压传动</td><td>任务14:液压传动</td><td rowspan="3">①建议课程在校内液压实训场地进行,需有多媒体教学配合;
②以汽车液压系统典型案例为载体,来分析简单液压系统的工作原理及组成,会识别液压系统中的液压泵、液压发动机、各种阀,并理解液压元件的作用;
③学生在液压元件的拆装过程中,学会分析和解决问题的能力</td><td rowspan="3">14</td></tr>
<tr><td>任务15:液压基本元件</td></tr>
<tr><td>任务16:液压基本回路与汽车典型液压系统</td></tr>
<tr><td colspan="4">机动</td><td>2</td></tr>
<tr><td colspan="4">考核</td><td>2</td></tr>
<tr><td colspan="4">合计</td><td>96</td></tr>
</table>

4 所含实践环节(见表3)

实训项目及类型 表3

实训项目名称	类型	实训项目名称	类型
①汽车机械总体认识	认识活动	⑤钢材拉压力学性能分析	单项技能
②汽车钣金认识	单项技能	⑥钳工生产性实习	金工实习
③汽车维修企业参观、认识实习	认识实习	⑦汽车变速器(差速器)拆装与认识	认识活动
④汽车零件失效分析	单项技能	⑧汽车传动系统的结构认识	认识活动

续上表

实训项目名称	类型	实训项目名称	类型
⑨汽车轴承、联轴器、离合器认识与装配	单项技能	⑪机械加工生产性实习	金工实习
⑩汽车服务店参观、认识实习	认识实习	⑫汽车液压传动系统认识	认识活动

5 实施建议

5.1 教材选用和编写建议

(1)教材选用

本课程应选用国家高职高专规划教材。

(2)教材、教学参考资料使用建议

教材:《汽车机械基础》,凤勇主编,人民交通出版社, 2005

参考书:

《工程材料与金属工艺学》,房世荣主编,机械工业出版,2008

《汽车机械基础》,王利贤主编,电子工业出版社,2008.7

《汽车机械基础》,霍振生主编,机械工业出版社,2005.8

《汽车机械基础》,蔡广欣主编,高等教育出版社,2005.1

《汽车机械基础》,胡勇主编,机械工业出版社,2008.5

5.2 教学建议

(1)加强教学资源库和教材建设, 不断丰富和完善多媒体课件和网络教程的内容;

(2)利用校内实训设备,强化学生动手能力培养;

(3)进一步争取投入,完善实验、实训基地建设;

(4)加强教材建设,使教材内容体系更加适应高职教育培养应用型、技能型人才的要求。

5.3 教学考核评价建议

(1)改革传统的学生评价手段和方法,采用阶段评价、过程性评价与目标评价相结合,项目评价、理论与实践一体化评价模式。

(2)关注评价的多元性,结合课堂提问、学生作业、平时测验、实验实训、技能竞赛及考试情况,综合评价学生成绩。

(3)应注重学生动手能力和实践中分析问题、解决问题能力的考核,对在学习和应用上有创新的学生应予特别鼓励,全面综合评价学生能力。

5.4 课程资源的开发与利用

课程使用的教材最好结合院级精品课程网站,作为学生主动学习的扩充性资料。并将与本课程相关的国内网外站的名称和网址向学生公布,鼓励学生网上学习,让学生浏览、查阅,从而获得许多在课堂上无法涉及的知识。

5.5 其他说明

本课程的内容可根据培养对象的方向进行筛选;本课程标准主要适用于新疆交通职业技术学院。

《汽车电工与电子技术》课程标准

【课程名称】

汽车电工与电子技术

【课程类型】

专业平台课程

【总 学 时】

96 学时(理论:56;实践:40)

【分　　制】

100 分

【适用专业】

汽车运用技术专业、汽车电子技术专业、汽车检测与维修技术专业

【课程性质】

《汽车电工与电子技术》是汽车运用技术专业、汽车电子技术专业、汽车检测与维修专业的一门专业平台课程。本课程主要讲解电工电子技术方面的基础理论、基本知识和基本技能,为学习专业知识,及进一步提高专业技能奠定必要的基础。

1 前言

1.1 课程定位

《汽车电工与电子技术》是研究电工、电子技术在汽车电子技术方面的应用学科,是汽车运用技术专业一门重要的专业技术基础课。本课程的任务是:使学生获得电工和电子技术方面的基础理论、基本知识和基本技能,为学习专业知识,从事实际工作以及进一步提高专业技能奠定必要的基础。

1.2 设计思路

《汽车电工与电子技术》课程的设计是以培养应用型、创新型人才为目标,以提高学生的职业技能为指导思想,在课程的设计过程中,结合课程特点,利用现有的教学与实践环境,加强基本知识和基本技能的训练,加大常规实验所占比例,将原来的观摩、演示实验教学,变为动手操作,最大限度地为学生提供动手机会,努力实现理实一体化教学。在完成基础实验的基础上,增设电工与电子技术综合实训,通过制作各种电器控制电路与汽车电子电路,提高学生对知识的综合应用能力。在教学手段上,充分发挥多媒体教学优势,采用电子仿真教学软件,使复杂而抽象的理论知识形象化、直观化、系统化。在学习中,积极倡导学生主动参与、乐于探究、勤于动手,激发学生学习兴趣,启迪学生创新思想,促进学生知识应用能力的提高。

2 课程目标

2.1 总体目标

通过本课程的学习，学生能够理解电工电子基本概念及基本电路的工作原理，掌握电路的分析、计算的方法，掌握电工与电子元(器)件的工作原理，以及主要电工设备的结构与用途；能正确使用常用电工仪表和电工电子仪器设备，正确连接、设计基础电路；能完成基础电气控制电路的安装、与基础电子产品的制作，且具备基本电工与电子产品的操作技能。

2.2 具体目标

(1)知识目标

①理解直流电路和交流电路基本概念，掌握欧姆定律、基尔霍夫定律的原理，掌握交(直)流电路的基本计算与分析方法；

②掌握电工电子基础元(器)件的特性与检测；

③理解变压器基本类型、结构、工作原理；

④掌握交流发电机、三相异步电动机的基本结构、转动原理；

⑤掌握常用低压控制电器(断路器、组合开关、按钮、行程开关、交流接触器、热继电器、中间继电器、时间继电器)的结构和工作原理；

⑥掌握二极管、晶体管的特性、主要参数与作用；

⑦掌握晶体管基本放大电路的基本概念、性能指标；

⑧能理解集成运算放大器、电压比较器原理；

⑨掌握直流稳压电源工作原理、特性；

⑩掌握与门、或门、非门、与非门、异或门的基本逻辑电路功能。

(2)能力目标

①能对基本交(直)流电路进行分析；

②具有电工与电子基础元(器)件检测能力；

③能对基本放大电路、集成运算放大电路进行分析；

④能分析与设计简单的基本逻辑电路；

⑤通过训练会使用电工仪表与基本元(器)件以及电子仪器设备；

⑥能对基本的数字电路与模拟电路进行测试、安装与调试；

⑦会制作电路、操作锡焊与拆焊；

⑧能够完成基础电气控制电路的安装、模拟汽车转向灯闪光电路、汽车报警电路、电子抢答器的基础电子产品的制作；

⑨具有安全用电知识。

(3)素质目标

①具备良好的职业道德与职业规范意识；

②具有善于学习新技术、独立思考问题勇于创新的精神。

3 课程内容与要求

本课程的课程内容与要求，如下表所示。

课程内容及教学要求

序号	学习任务	课程内容及教学要求	课程设计	学时
1	直流电路	①理想电路与电路的三种状态； ②掌握电路中电位概念； ③理解欧姆定律	利用电子仿真电路展示电路模型基本特点、理解理想电路、归纳总结电路三种状态	2
		掌握基本元件电阻、电容、电感的特点、标识、检测及在汽车电路中的应用	①通过多媒体演示讲授理论； ②分组学生检测电阻、电容、电感基础元件； ③结合汽车电路讲述在汽车电路中的应用	4
		①掌握基尔霍夫定律的电压定律、电流定律； ②学会典型电路的分析方法	①利用多媒体仿真电路形象教学； ②利用典型电路，分组讨论，各组提出分析思路	4
		验证基尔霍夫定律的电压定律、电流定律	通过实验验证典型电路，启发学生得出理论	2
2	正弦交流电路	①能理解正弦交流电的三要素、相位差、有效值； ②能掌握单一元件电阻、电容、电感在交流电路中的特性	①利用多媒体形象教学； ②利用实际案例分析电路特点	4
3	三相交流电路	①能掌握三相交流电路中电源及三相负载的特性与正确连接方法； ②通过实践进一步理解三相负载连接方法与电压电流的关系	①理论与实践相结合，指导学生完成电路的两种连接； ②通过对电压电流的测量，让学生理解星形与三角形连接的区别与在实际中的应用； ③陈述并使学生掌握安全用电基本常识	4
4	电气控制技术	理解变压器的基本类型、结构、工作原理	利用多媒体与实物展开形象教学	2
		能理解交流发电机、三相异步电动机的基本结构、转动原理	利用多媒体与实物进行形象教学	2
		能理解常用低压控制电器(断路器、组合开关、按钮、行程开关、交流接触器、热继电器、中间继电器、时间继电器)的结构和工作原理	通过对常用低压控制电器的拆装与测量进一步理解结构、工作原理	2
		能正确安装检测电动机的点动、自锁控制电路	学生能准确理解电路，并具有将电路图转换成实际控制电路的能力，学会安装与检测方法	2
		能正确安装检测电动机的正反转互锁控制电路	学生能准确理解电路，并具有将电路图转换成实际控制电路的能力，学会安装与检测方法	2
5	半导体元件、基本放大电路与集成运算放大器	理解普通二极管、稳压二极管、晶体管的特性、主要参数与作用	①利用多媒体与实物形象教学； ② 结合汽车电路讲述在汽车电路中的应用	4
		掌握普通二极管、特殊二极管、晶体管的检测方法	要求学生具有识别与检测电子元件的能力	2
		理解晶体管基本放大电路的基本概念、性能指标	①利用仿真软件模拟电路教学； ②结合汽车电路讲述在汽车电路中的放大与开关作用	4
		理解晶体管放大电路原理	①利用仿真软件模拟电路教学； ②通过实验观察、验证理论	2
		能掌握多级放大电路的耦合方式及特点，学会多级放大器的计算方法	利用多媒体进行形象教学	2
		能理解集成运算放大器、电压比较器原理	制作汽车电压比较器验证理论	2
		①掌握特殊晶体管的特点； ②理解二极管、三极管在汽车电路中的应用	①利用多媒进行体形象教学； ②结合汽车电路讲述在汽车电路中的应用	4

续上表

序号	学习任务	课程内容及教学要求	课程设计	学时
6	直流稳压电源	掌握单相整流电路的特点与类型	利用多媒体进行形象教学	2
		理解单相整流电路的工作原理和分析方法	①利用仿真软件模拟电路教学； ②通过实验观察、验证理论	4
7	数字电子技术	①掌握与门、或门、非门、与非门、异或门的逻辑功能； ②掌握简单组合逻辑电路的分析和设计	①利用仿真软件模拟电路教学； ②结合汽车电路讲述在汽车电路中的应用	4
		理解逻辑电路的应用	通过实验验证逻辑电路	2
		①能理解基本 RS 触发器、JK 触发器、D 触发器的逻辑功能； ②能理解 555 集成定时器的工作原理	①利用仿真软件模拟电路教学； ②结合汽车电路讲述在汽车电路中的应用	4
8	综合实训	完成电动机点动、自锁、正反转控制电路的电路图的绘制	实训	4
		完成电动机点动、自锁控制电路的安装	实训	4
		完成电动机正反转控制电路的安装	实训	4
		完成电子调压器、直流稳压电源、555 电子闪光器、汽车转向灯晶体管闪光器电路图的绘制	实训	4
		制作电路板、元件的领取与检测	实训	4
		电路的安装与调试	实训	4
		实训评价	实训	2
机动				2
考核				2
合计				96

4 实施建议

4.1 教材选用和编写建议

(1)教材选用

本课程教材使用人民交通出版社出版的高等职业教育汽车运用技术专业规划教材，即刘浩宇主编的《汽车电工与电子技术》。

实践部分主要利用电机拖动实验台及配套实验指导书根据实际情况编写实验、实训教案，进行实训教学。

主要参考书及参考资料：

《电工与电子技术》，孙立坤，机械工业出版社，2011；

《汽车电工与电子基础》，任成尧，人民交通出版社，2013；

《电工电子技术系列实验》，浙江天煌教仪。

(2)教材、教学参考资料使用建议

由于汽车电工与电子技术更新较快，在选用参考资料时，应该注意采用新标准的参考资料。

4.2 教学建议

(1)采用多媒体技术

全面采用多媒体教学手段,提高教学效率。采用学院教学团队共同开发的教学、实验课用课件,充分发挥多媒体教学形式多样、信息量大、形象直观的优势,不仅省去了大量的板书时间,并且以更加整齐、美观、生动和可重现等方式展现课程内容,提高教学效率,增强学生的学习兴趣,提升教学效果。

(2)采用电子仿真软件技术

改造传统的实验教学手段和实验技术方法,充分利用各种手段强化实践效果。在实验课程中,利用电子仿真软件,模拟虚拟实验室,实现软硬结合,真正全面掌握电子线路的分析、设计、安装、检测方法。

(3)实验条件保障

依托优越的实践教学环境、设施、仪器和设备等条件,在实践教学环节,为培养学生对知识理解、知识综合应用和创新实践能力,由教师命题,让学生自主实践、设计、安装、检测完成实验、实训任务,最大限度地提供学生自主完成任务的机会。

4.3 教学考核评价建议

(1)课程成绩考核内容:学生预习情况,实验操作情况,完成实验报告情况,考勤情况,以及遵守实验室规章制度情况。

(2)课程考核按照课程标准中考核要求进行考核,理论知识考核占40%,常规实验考核占30%,综合实训考核占30%。

(3)综合实训考核注意:学习能力、思维应用拓展能力、团队协作能力、吃苦耐劳精神、回答问题能力;操作过程包括:仪器使用、电路的设计、印刷电路板的制作、锡焊、拆焊方法、故障检测和调试的方法与步骤,以及安全用电意识。

(4)学生完成实验、实训报告的要求:报告必须工整、实事求是、有分析和见解。实训报告的内容包括:项目、教学目标、教学设施、实验、实训过程、问题讨论、总结等。

4.4 课程资源的开发与应用

(1)积极开发和利用校园网络课程资源,充分利用诸如电子书籍、电子期刊、数据库、数字图书馆、教育网站和电子论坛等网上信息资源,使教学手段和教学方法多样化,提高了学生学习兴趣。

(2)在实际操作和实训过程中,利用仿真教学环境和仿真教学软件优化教学过程,提高教学质量和效率。

(3)建立学习资料库,推荐国内与专业有关的网站地址,积极引导与培养学生自主学习、资料查询等能力。

4.5 其他说明

(1)鉴于高职生源的多样性,在实施中要编好小组,宜于取长补短、共同提高。

(2)指导教师在进行实践示范过程中起到引导作用,让学生自己完成学习任务,确保教学工作顺利进行。

(3)能力培养要求:着重培养学生的自学能力、动手操作能力和分析问题、解决问题的能力。

(4)主讲教师根据本课程标准制订具体的授课计划。

《汽车发动机构造与维修》课程标准

【课程名称】

汽车发动机构造与维修

【课程类型】

专业平台课程

【总 学 时】

96 学时(理论:50;实践:46)

【分　　制】

100 分

【适用专业】

汽车运用技术专业、汽车电子技术专业、汽车检测与维修技术专业

【课程性质】

《汽车发动机构造与维修》课程是汽车运用技术专业的专业平台课程。据统计,现代汽车运行中发生的故障大部分就属于发动机的故障。因此,在了解发动机的构造原理的基础上,掌握现代汽车发动机的故障诊断和维修技术对汽车机电维修显得尤为重要。通过学习发动机构造与维修技术,对激发学生的专业兴趣、培养未来职业必需的故障诊断思维能力也能起到重要的作用。

1 前言

1.1 课程定位

《汽车发动机构造与维修》属于汽车运用技术专业的平台课程之一。其主要内容包括学习汽车发动机的总体结构与布置、汽油机工作原理、柴油机工作原理等知识基础上掌握曲柄连杆机构、配气机构、冷却系、润滑系、汽油喷射式供给系、柴油供给系等系统的诊断与维修的能力;并在此基础上掌握发动机的装配调试和发动机综合故障诊断与维修的能力。

本课程设置的目的是通过本课程的学习与实践,为后续课程学习、汽车综合故障诊断与维修质量验收打下重要基础,使学生毕业后能直接从事相关企事业单位的技术工作,如发动机维修诊断、发动机调试工作等。本课程的先修课程有《汽车机械基础》、《汽车机械识图》、《汽车电工与电子技术》;这些课程也是进一步学习《汽车发动机电控系统诊断与维修》、《汽车故障诊断与检测技术》等课程的基础。

1.2 设计思路

本课程通过对企业各岗位工作要求、专业能力与综合素质的分析的基础上确立了本课程的培养目标。其总体设计思路是,根据高职高专“培养在生产、建设、管理、服务等第一线工作的高级技术应用性人才”培养目标的要求,遵循现代职业教育理念,先让学生对汽车发动机的总体结构与布置、汽油机工作原理、柴油机工作原理等知识基础上掌握曲柄连杆机构、配气机构、冷却系、润滑系、汽油喷射式供给系、柴油供给系等系统的诊断与维修的能力等,将以知识

传授为主要特征的传统学科模式转变为以项目为中心组织课程内容，让学生在完成上述单一系统的故障诊断与维修的过程中学会相应系统的故障诊断与维修技能的同时构建相应系统的知识；并在此基础上通过发动机综合故障诊断与维修等项目的设计，让学生掌握发动机故障诊断的技能并构建相应的知识。

项目设计以发动机常见的故障诊断与维修为线索来进行，并最终达到掌握发动机故障诊断与排除的技能目标。在教学过程中，通过校企合作、校内实训基地建设等途径，采取工学结合、开放实训室等形式，充分开发教学资源，为学生提供充分的实践机会。通过过程评价、知识评价和实践操作评价的形式来评定项目教学，对项目评价的重点要突出实践操作的评价，以此重点反映学生对相关项目的技能的掌握，并体现学生对相关职业能力的掌握程度。

2 课程目标

2.1 总体目标

通过本课程的学习，突出学生的发动机故障诊断的实际操作技能训练，加强利用理论知识分析问题、解决问题的综合能力，培养学生善于沟通和合作的品质，树立劳动观念和职业意识，以及环保、节能和安全意识，为实现学生从学校到企业的“过渡”奠定良好的基础。

2.2 具体目标

本课程通过对企业各岗位工作要求、专业能力与综合素质的分析的基础上确立了本课程的培养目标。

(1)知识目标

①掌握发动机总体构造和工作原理；

②掌握曲柄连杆机构的构造与工作原理以及检测；

③掌握配气机构的构造与工作原理以及检测；

④掌握汽油机燃油供给系统的构造与工作原理以及检测；

⑤掌握柴油机燃油供给系统的构造与工作原理以及检测；

⑥掌握冷却系构造与工作原理以及检测；

⑦掌握润滑系构造与工作原理以及检测；

⑧掌握发动机装配与调试。

(2)能力目标

①熟悉汽车发动机的结构与工作原理，能向客户介绍发动机的性能和结构特点。

②能够正确查询车辆技术档案，掌握发动机的有关信息，利用技术资料等初步了解发动机的技术状况。

③能正确选择、使用和维护常见汽车维修保养工具。

④能完成汽车维修企业中常见的发动机保养、维护工作。

⑤能够熟练对发动机进行解体、检测、调试，发动机常见故障诊断与维修的工艺流程制定；

⑥能对发动机疑难杂症提出合理诊断与检测意见。

(3)素质目标

①培养学生良好的职业素质；

②培养学生的团队协作意识，以及合理分工、有责任心的工作态度；

③培养学生安全生产和环境保护的意识；

④培养学生严谨求实、吃苦耐劳的精神。

3 课程内容与要求

本课程的课程内容与要求,如下表所示。

课程内容及教学要求

序号	工作任务	课程内容及教学要求	活动设计	参考学时
1	发动机基本知识	①能正确描述发动机构造与工作原理,发动机性能指标,发动机换气过程	活动1:利用多媒体视频、图片等形式,讲解发动机总体构造、工作原理及布置形式; 活动2:采用理实一体教学法,组织学生认识发动机总体构造,并填写工单	2
		②能正确描述发动机各系统、总成的组成及布置		2
		③判断发动机类型、识别和查阅发动机的基本性能指标参数		2
		④能完成拆装工具的选择与正确使用,指认发动机结构和布置		2
2	曲柄连杆机构检修	①能正确地描述曲柄连杆机构的功用、工作原理、组成及工作条件以及汽缸体、汽缸盖、活塞、活塞环、活塞销、连杆、曲轴等主要零件的构造	活动1:利用多媒体视频、图片等形式,讲解曲柄连杆机构的功用、组成及工作原理等知识; 活动2:利用仿真实训软件,进行曲柄连杆机构的拆装、检修模拟训练; 活动3:采用理实一体教学法,组织学生进行实物拆装、检测及检修,并填写工单; 活动4:以案例教学法、分组讨论,组织学生确定曲柄连杆机构的故障,制订维修方案	4
		②具有曲柄连杆机构的简单维护、检修与故障诊断能力		4
		③会做曲轴轴承径向间隙的检查与调整;曲轴轴向间隙的检查与调整;活塞与汽缸间隙的检查;汽缸磨损的检查;曲轴轴颈磨损及曲轴裂纹的检验;连杆变形的检验与校正		4
		④会做活塞环选配与检查;活塞偏缸的检查		4
		⑤会诊断曲柄连杆异响		4
3	配气机构检修	①能正确描述配气机构的功用、工作原理、组成、布置及驱动方式、配气相位、配气机构主要机件的构造等	活动1:利用多媒体视频、图片等形式,讲解配气机构的功用、组成及工作原理等知识; 活动2:利用仿真实训软件,进行配气机构的拆装、检修模拟训练; 活动3:采用理实一体教学法,组织学生进行实物拆装、检测及检修,并填写工单; 活动4:以案例教学法、分组讨论,组织学生确定配气机构的故障,制订维修方案	2
		②具有配气机构的简单维护、检修与故障诊断能力		2
		③具有独立按正确的步骤、方法和要求对配气机构进行拆装的能力		2
		④具有独立检查与调整气门间隙的能力		2
		⑤具有气门座铰削、气门光磨、气门与气门座手工研磨的能力		4
		⑥具有正确利用汽缸压力表进行汽缸压力测量并据此判断汽缸活塞组技术状况的能力		4

续上表

序号	工作任务	课程内容及教学要求	活动设计	参考学时
4	汽油供给系检修	①能正确描述汽油机燃料系统的组成、作用、工作原理和主要零部件结构；能正确描述燃油喷射系统的结构与布置	活动1：利用多媒体视频、图片等形式，讲解汽油机燃料供给系统的功用、组成及工作原理等知识； 活动2：利用仿真实训软件，讲解燃油喷射系统的工作原理，进行燃油喷射系统的拆装、检修模拟训练； 活动3：采用理实一体教学法，组织学生进行实物拆装、检测及检修，并填写工单； 活动4：以发动机不能起动为案例，进行现场教学，学生分析、提问与教师解答、指导有机结合，让学生在"教"与"学"过程中，牢固掌握发动机燃油供给系统的排除故障方法	4
		②具有喷射系统的使用、维护及简单故障的诊断与排除的能力；具有主要零部件一般检修及常见诊断仪器的使用能力		2
		③传统汽油机故障排除		4
		④EFI发动机简单故障诊断		2
5	柴油供给系检修	①能正确描述柴油机供给系的功用、组成、工作原理；能正确描述喷油器、喷油泵、调速器的构造与工作原理以及电控柴油系统的构造与原理	活动1：利用多媒体视频、图片等形式，讲解柴油机燃料供给系统的功用、组成及工作原理等知识； 活动2：利用仿真实训软件，讲解柴油机燃油喷射系统的工作原理，进行燃油喷射系统的拆装、检修模拟训练； 活动3：采用理实一体教学法，组织学生进行实物拆装、检测及检修，并填写工单； 活动4：以柴油机不能起动为案例，进行现场教学，学生分析讨论、提问与教师解答、指导有机结合，让学生在"教"与"学"过程中，牢固掌握柴油发动机燃油供给系统的排除故障方法	4
		②具有柴油机供油系的维护，主要机件的调试、简单故障诊断的能力		4
		③具有独立检查与调整喷油器、喷油泵、调速器的能力；具有喷油正时校正的能力		4
6	冷却系检修	①能正确描述冷却系的功用、组成及工作原理、冷却液循环路线；能描述冷却系主要机件的构造，冷却液的性能成分及种类	活动1：利用多媒体视频、图片等形式，讲解冷却系统的功用、组成及工作原理等知识； 活动2：利用仿真实训软件，讲解冷却系统的工作原理，进行冷却系统的拆装、检修模拟训练； 活动3：采用理实一体教学法，组织学生进行实物拆装、检测及检修，并填写工单； 活动4：以发动机过热为案例，进行现场教学，学生分析讨论、提问与教师解答、指导有机结合，让学生在"教"与"学"过程中，牢固掌握冷却系检修方法	2
		②具有冷却系的简单维护、检修与故障诊断能力		2
		③具有分析冷却系工作循环、主要零部件的正确拆装能力		2
7	润滑系检修	①能正确描述润滑系的功用、组成及工作原理、润滑方式、润滑油路；能描述润滑系主要机件的构造，润滑油的性能、指标、牌号及种类	活动1：利用多媒体视频、图片等形式，讲解润滑系统的功用、组成及工作原理等知识； 活动2：利用仿真实训软件，讲解润滑系统的工作原理，进行润滑系统的拆装、检修模拟训练； 活动3：采用理实一体教学法，组织学生进行实物拆装、检测及检修，并填写工单； 活动4：以机油压力过高或过低为案例，进行现场教学，学生分析讨论、提问与教师解答、指导有机结合，让学生在"教"与"学"过程中，牢固掌握润滑系检修的方法	2
		②具有润滑系的简单维护、检修与故障诊断能力		2
		③具有机油泵和滤清器的正确拆装能力		2

续上表

<table>
<tr><th>序号</th><th>工作任务</th><th>课程内容及教学要求</th><th>活动设计</th><th>参考学时</th></tr>
<tr><td rowspan="4">8</td><td rowspan="4">发动机装配与综合故障诊断</td><td>①能正确描述发动机竣工技术条件规范；发动机负荷特性、速度特性、调速特性、万有特性</td><td rowspan="4">活动1：利用多媒体视频、图片等形式，讲解发动机拆装方法、故障诊断流程；
活动2：利用仿真实训软件，进行发动机的拆装、检修及综合故障诊断模拟训练；
活动3：采用理实一体教学法，组织学生进行实物拆装、检测及检修，并填写工单；
活动4：在教学过程中，以发动机不能转动、起动困难等为项目，教师示范和学生分组讨论、训练互动，学生提问与教师解答、指导有机结合，让学生在“教”与“学”过程中，牢固掌握有关发动机综合故障诊断方法</td><td>2</td></tr>
<tr><td>②能正确描述发动机总体结构、各总成的位置关系、结构原理</td><td>2</td></tr>
<tr><td>③具有发动机异响诊断、汽缸密封性诊断、油电综合故障的诊断能力；具有发动机装配、调整、特性试验与功率标定的能力</td><td>4</td></tr>
<tr><td>④按照大修工艺的操作规范进行分解、清洗、检验、装配发动机各总成部件、着车调试、注意安全操作规范和环境保护</td><td>4</td></tr>
<tr><td colspan="4">机动</td><td>2</td></tr>
<tr><td colspan="4">考核</td><td>2</td></tr>
<tr><td colspan="4">合计</td><td>96</td></tr>
</table>

4 实施建议

4.1 教材选用和编写建议

(1)教材选用

①教材必须依据本课程标准选用，教材应充分体现任务引领、实践导向课程的设计思想，让学生在完成项目的过程中逐步提高职业能力。

②选用的教材应包含职业技能证书考证内容。

③选用的教材应图文并茂，提高学生的学习兴趣，加深学生对汽车发动机构造及维修知识的理解和掌握。教材表达必须精炼、准确、科学。教材内容应体现先进性、通用性、实用性，教材更贴近本专业的发展和实际需要。

④实践部分的训练参考丰田及东风雪铁龙发动机维修培训教材，同时结合学院实际情况编写出《汽车发动机构造与维修》实训指导书和《汽车发动机学习工作页》等实训资料。

(2)教材、教学参考资料使用建议

由于汽车技术与汽车维修标准往往会更新，所以在参考资料选择时，应该注意采用新标准的参考资料。

主要参考书及参考资料：

①人民交通出版社出版的《汽车发动机构造与维修》(ISBN9787114087530)。

②机械工业出版社出版的《汽车发动机构造与维修》(ISBN 9787111383871)。

③人民交通出版社出版的《汽车发动机机械系统检修》(ISBN9787114079566)。

④电子工业出版社出版的《汽车发动机构造与维修》(ISBN9787121174315)。

⑤电子工业出版社出版的《汽车发动机构造与维修》(ISBN 9787121009754)。

⑥高等教育出版社出版的《汽车发动机构造与维修》(ISBN9787040156638)。

4.2 教学建议

(1)在教学过程中，应立足于加强学生实际操作能力的培养。采用项目教学，以工作任务引领提高学生学习兴趣，激发学生的成就动机，培养学生的职业能力。

(2)本课程教学的关键是理论教学和实训教学的结合。在教学过程中,教师示范和学生分组讨论、训练互动,学生提问与教师解答、指导有机结合,让学生在“教”与“学”过程中,牢固掌握有关知识与技能。同时,在实践教学中应尽量创设工作情境,有针对性地对学生进行岗位适应能力的训练。

(3)在教学过程中,要应用多媒体、投影等教学资源辅助教学,提高学生的学习兴趣,加深学生对汽车发动机构造及维修知识的理解和掌握。

(4)在教学过程中,要重视本专业领域新技术、新工艺、新材料发展趋势,贴近生产实际,为学生提供职业生涯发展的空间,努力培养学生参与社会实践的创新精神和职业能力。

(5)教学过程中教师应积极引导学生提升职业素养,提高职业道德。

4.3 教学考核评价建议

(1)项目课程成绩考核内容:学生预习情况,实验操作情况,完成实验报告情况,考勤情况,以及遵守实验室规章制度情况。

(2)项目课程考核按照课程标准中考核要求进行考核,项目课程报告占10%,项目课程单项考核占20%,项目课程期中考核占30%,项目课程期末考核占40%。考试采用分组现场提问、实际操作的方法进行。

(3)项目课程考核按照《项目课程考核表》进行,考核点分为:学习能力、思维应用拓展能力、团队协作能力、吃苦耐劳精神、回答问题能力;操作过程包括:故障检测、诊断、拆卸、装配和调试的方法与步骤、安全文明生产。

(4)学生完成项目课程报告的要求:报告必须工整、实事求是、有分析和见解。报告的内容包括:项目、教学目标、教学设施、项目教学过程、问题讨论、总结等。

4.4 课程资源的开发与利用

(1)注重课程资源和现代化教学资源的开发和利用,建立多媒体课程资源的数据库,提高课程资源利用效率。

(2)进一步完善本专业校内实训中心的现场教学、实验实训、职业技能证书考证功能,实现教学与实训合一、教学与培训合一、教学与考证合一。加强校企合作,充分利用校外实训基地,满足学生的实习实训。

(3)充分利用电子书籍、电子期刊、数据库和数字图书馆信息资源,使教学从单一媒体向多种媒体转变。

4.5 其他说明

(1)本课程标准由汽车与机电工程学院与合作企业乌鲁木齐市博望现代汽车销售服务有限公司、新疆大众申华汽车销售服务有限公司联合开发。

(2)鉴于高职生源的多样性,在项目实施中注重任务编组,以利于取长补短、共同进步。

《汽车底盘构造与维修》课程标准

【课程名称】

汽车底盘构造与维修

【课程类型】

专业平台课程

【总　学　时】

96 学时(理论:50;实践:46)

【分　　　制】

100 分

【适用专业】

汽车运用技术专业、汽车电子技术专业、汽车检测与维修技术专业

【课程性质】

《汽车底盘构造与维修》是汽车运用技术专业的一门专业平台课程。其主要内容包括:汽车底盘传动系统、行驶系统、转向系统、制动系统构造与维修等几部分;是一门专业技术课。

1　前言

1.1　课程定位

《汽车底盘构造与维修》课程是高职汽车运用技术专业的一门专业平台课程之一。通过对该课程的学习,学生能够掌握底盘机械系统的构造与工作原理;掌握底盘维修的基本理论和方法;具有正确检修、调试底盘各部件的能力;具有分析、诊断和排除常见故障的能力;具有运用所学知识与技能解决生产实际问题的能力。在能力培养方面能为学生学习与提升技能,为后续专业课程的学习和将来从事与汽车相关的工作打下必要的专业技能基础。

本课程是以《汽车机械基础》、《电工与电子技术》、《机械制图》等课程的学习为基础,也是进一步学习《汽车检测与故障诊断技术》、《汽车底盘电控系统诊断与维修》、《汽车发动机电控系统诊断与维修》等课程的基础。

1.2　设计思路

本课程是依据"汽车运用技术专业工作任务与职业能力分析表"中的"汽车底盘诊断"工作任务而设置的。如右图所示,其总体设计思路是:首先通过教师分析教学任务,提出教学目标,然后进行教学设计,组织教学条件,让学生通过对汽车传动系统、行驶系统、转向系统、制动系统的结构与拆装方法的项目和模块的学习;再进一步学习掌握各个系统的诊断与维修等项目和模块,将以知识传授为主要特征的传统学科模式转变为以项目为中心组织课程内容,让学生在学会相应系统知识的同时掌握相应系统的诊断与维修的技能。

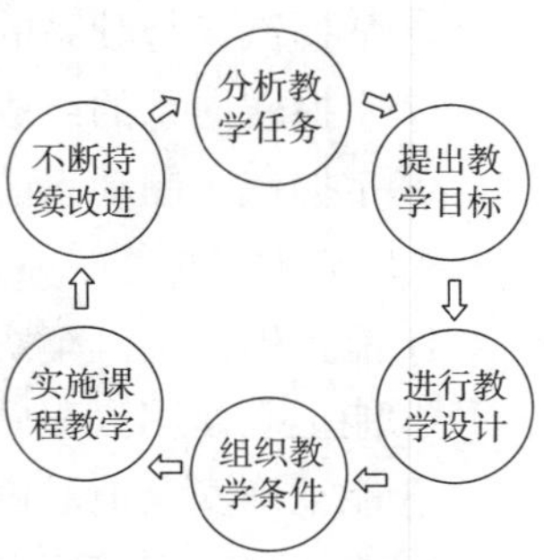

课程设计思路图

《汽车底盘构造与维修》课程设计思路如下：

(1)以典型工作任务为载体，将教学内容和过程融入其中，实行理论与实践一体化教学。

(2)在基于工作过程的项目教学中，学生是主要的行为者，学生独立或以小组的形式，在教师的指导下，师生共同完成从信息的收集和工作计划的制订到工作任务的实施以及对工作成果的评价等，并在这一教学过程中达到教学目标。

(3)一体化教学体现在两个方面：一是汽车底盘的结构、原理、拆装、检修、故障诊断一体化；二是汽车底盘构造的理论、实践教学穿插进行。

(4)《汽车底盘构造与维修》课程按基于工作过程的“工学结合”进行课程教学设计，将理论与实践教学内容融入到典型工作任务之中——汽车底盘大修。

2 课程目标

2.1 总体目标

以工作任务为主线，构建行动导向的项目课程，采用教、学、做一体化教学模式，使学生熟练掌握汽车底盘机械系统的知识与技能，具备汽车底盘机械系统修复工艺的制定与实施的能力，树立良好的安全意识和职业道德意识，具有创新思维能力和科学的工作方法，为今后职业生涯发展奠定坚实的基础。

通过行为导向的项目式教学，加强学生实践技能的培养，培养学生的综合职业能力和职业素养；培养学生独立学习及获取新知识、新技能、新方法的能力，以及与人交往、沟通及合作等方面的态度和能力。

由于《汽车底盘构造与维修》课程具有较强的实际应用性，因此，本课程在学生职业能力培养和职业素质养成两个方面起支撑和促进作用。

2.2 具体目标

(1)知识目标

①掌握离合器的功用、组成、工作原理和拆装调整方法；

②掌握变速器的结构、组成、传递路线和拆装调整方法；

③掌握液力机械变速器的组成、工作原理和拆装检测方法；

④掌握万向传动装置的类型、结构、工作原理和拆装调整方法；

⑤掌握驱动桥的组成、结构、工作原理和拆装调整方法；

⑥掌握汽车行驶系的组成、工作情况和拆装调整方法；

⑦掌握转向系的组成、结构、工作原理和拆装调整方法；

⑧掌握汽车制动系的类型、组成、结构、各部件的工作情况和拆装调整方法。

(2)能力目标

①能正确使用汽车底盘拆、装、检、调的各种工具、量具；

②能正确使用汽车底盘拆、装、检、调的常用设备和各种仪器；

③能正确安全地对汽车底盘及各组成进行拆卸、分解和清洗；

④能初步对汽车底盘主要零(部)件进行目测和技术检验，并能正确进行技术分类；

⑤能对汽车底盘重要部位进行调整，并符合技术要求；

⑥会进行汽车底盘常见故障的诊断与排除。

(3)素质目标

①具有诚实守信、不断进取的个性品质能力；

②具有较强的表达能力和人际沟通能力；

③具有小组团结、协作能力；

④具有良好的心理素质和克服困难的能力；

⑤具有自主学习汽车底盘新技术、新知识的能力；

⑥具有安全意识、规范意识、质量意识、系统意识、责任意识、环保意识能力；

⑦能够通过各种媒体资源查找所需汽车底盘相关信息；

⑧具有继续学习和职业发展的潜力。

3 课程内容与要求

通过汽车底盘机械系统完成教学内容，课程建议总课时为96学时。项目内容组织与学时分配，如表1所示：

项目内容组织与学时分配　　表1

教学项目	工作任务	课程内容及教学要求	活动设计	参考学时
项目一离合器拆装与检修	任务一 离合器的构造与原理	①掌握离合器的功用、要求、类型； ②掌握离合器结构； ③掌握离合器工作原理； ④能够准确说出离合器各组成部分的功用	活动：仿真实验室进行离合器基本知识的讲解或是采用多媒体教学	2
	任务二 离合器及操作机构的拆装	①掌握离合器的功用、要求、类型； ②掌握离合器结构； ③能够规范地进行离合器及操作机构的拆装	活动1：仿真实验室进行离合器操作机构的讲解或是采用多媒体教学； 活动2：底盘实验室进行离合器及操纵机构的拆装，并符合其工艺过程和要求	4
	任务三 离合器及操作机构的检修	①掌握离合器结构； ②掌握离合器工作原理； ③能够规范地进行离合器主要零部件的检修与调整，并符合技术标准	活动1：底盘实验室进行离合器及操纵机构的拆装，并符合其工艺过程和要求； 活动2：底盘实验室进行离合器主要零部件的检修与调整，并符合技术标准	4
项目二手动变速器拆装与检修	任务一 手动变速器的构造与原理	①掌握手动变速器的功用、要求、类型； ②掌握手动变速器结构； ③掌握手动变速器工作原理； ④能够准确说出手动变速器各组成部分的功用	活动：仿真实验室进行手动变速器基本知识的讲解或是采用多媒体教学	2
	任务二 手动变速箱的拆装	①掌握三轴式、二轴式手动变速器的结构特点和工作情况； ②熟悉锁环式、锁销式同步器的构造和工作原理； ③能够规范地进行手动变速器的拆装	活动1：仿真实验室进行典型手动变速器结构的讲解或是采用多媒体教学； 活动2：底盘实验室进行手动变速器的拆装，并符合其工艺过程和要求	6
	任务三 手动变速箱的检修	①掌握手动变速器结构； ②掌握三轴式、二轴式手动变速器的结构特点和工作情况； ③掌握变速器操纵机构的功用、类型、构造和工作原理； ④能够规范地进行手动变速器的检修与调整，并符合技术标准	活动1：仿真实验室进行典型手动变速器工作情况的讲解或是采用多媒体教学； 活动2：底盘实验室进行手动变速器的检修与调整，并符合技术标准	6

续上表

教学项目	工作任务	课程内容及教学要求	活动设计	参考学时
项目三万向传动装置拆装与检修	任务一 万向传动装置的构造与原理	①掌握万向传动装置的功用、要求、类型； ②掌握万向传动装置结构； ③掌握万向传动装置的工作原理； ④能够准确说出万向传动装置各组成部分的功用	活动：仿真实验室进行万向传动装置基本知识的讲解或是采用多媒体教学	2
	任务二 球笼式万向传动装置的拆装	①掌握球笼式万向传动装置结构； ②掌握球笼式万向传动装置的工作原理； ③能够规范地进行球笼式万向传动装置的拆装、检修，并符合技术标准	活动：底盘实验室进行球笼式万向传动装置的拆装，并符合其工艺过程和要求	2
	任务三 十字轴式刚性万向节的拆装	①掌握十字轴式刚性万向节的结构特点和工作情况； ②掌握十字轴式刚性万向节的功用、类型、构造和工作原理； ③能够规范地进行十字轴式刚性万向节的拆装、检修，并符合技术标准	活动：底盘实验室进行十字轴式刚性万向节的拆装、检修，并符合技术标准	2
	任务四 万向传动装置的检修	①掌握十字轴式刚性万向节结构； ②掌握十字轴式刚性万向节的结构特点和工作情况； ③掌握十字轴式刚性万向节的功用、类型、构造和工作原理； ④能够规范地进行十字轴式刚性万向节的检修与调整，并符合技术标准	活动：底盘实验室进行万向传动装置的检修与调整，并符合技术标准	2
项目四驱动桥的拆装与检修	任务一 驱动桥的认识	①掌握驱动桥的功用、组成； ②掌握驱动桥的类型； ③熟悉半轴及支承型式； ④熟悉桥壳型式及其构造； ⑤能够规范地进行驱动桥的认识，并符合技术标准	活动1：仿真实验室进行驱动桥的讲解或是采用多媒体教学； 活动2：底盘实验室进行驱动桥的认识，并符合其工艺过程和要求	4
	任务二 主减速器的拆装	①掌握主减速器的功用、组成； ②掌握主减速器的结构特点和支撑情况； ③能够规范地进行驱动桥主减速器的拆装，并符合技术标准	活动1：仿真实验室进行主减速器的讲解或是采用多媒体教学； 活动2：底盘实验室进行驱动桥主减速器的拆装，并符合其工艺过程和要求	4
	任务三 差速器的拆装	①掌握普通行星齿轮差速器功用、组成，掌握其速度特性和转矩特性； ②掌握差速器的结构特点和工作原理； ③能够规范地进行驱动桥差速器的检修与调整，并符合技术标准	活动1：仿真实验室进行差速器的讲解或是采用多媒体教学； 活动2：底盘实验室进行驱动桥差速器的拆装，并符合其工艺过程和要求	4

续上表

教学项目	工作任务	课程内容及教学要求	活动设计	参考学时
项目五行驶系统拆装与检修	任务一 行驶系统的构造与原理	①掌握汽车行驶系的组成、功用，能对行驶系的受力作简单分析； ②掌握车架的功用、要求、类型与构造； ③能够准确说出万向传动装置各组成部分的功用	活动1：仿真实验室进行行驶系的讲解或是采用多媒体教学； 活动2：底盘实验室进行行驶系的拆装，并符合其工艺过程和要求	2
	任务二 车轮和轮胎的构造及规格	①掌握车轮的组成、型式，熟悉轮辋、轮毂、轮辐的构造及其连接与装配； ②掌握轮胎的功用、类型； ③能够准确说出轮胎的构造及规格	活动1：仿真实验室进行车轮相关知识的讲解或是采用多媒体教学； 活动2：底盘实验室进行行驶系的拆装，并符合其工艺过程和要求	4
	任务三 轮胎的换位与更换	①掌握车轮的组成、型式，熟悉轮辋、轮毂、轮辐的构造及其连接与装配； ②掌握轮胎的功用、类型、构造、规格； ③能够规范地进行换位与更换	活动：底盘实验室进行轮胎的换位与更换	2
	任务四 车轮和轮胎的检修	①掌握转向轮定位的定义、内容与作用； ②掌握四轮定位的作用； ③能够规范地进行车轮和轮胎的检修	活动：底盘实验室进行轮胎的装配与检修	2
	任务五 悬架相关部件的拆装	①掌握悬架的组成、功用、类型； ②掌握非独立悬架和独立悬架的特点和类型； ③能够规范地进行悬架相关部件的拆装	活动1：仿真实验室进行悬架的讲解或是采用多媒体教学； 活动2：底盘实验室进行悬架系统的拆装，并符合其工艺过程和要求	4
项目六转向系统的拆装与检修	任务一 转向系统的构造与原理	①掌握汽车转向系的功用、组成和类型； ②熟悉转向梯形机构； ③能够准确说出转向系统的构造及规格	活动：仿真实验室进行转向系的讲解或是采用多媒体教学	2
	任务二 齿轮齿条式转向器的拆装	①掌握齿轮齿条式转向器的构造、特点； ②掌握齿轮齿条式转向器的工作原理； ③能够规范地进行齿轮齿条式转向器件的拆装	活动1：仿真实验室进行齿轮齿条式转向器的讲解或是采用多媒体教学； 活动2：底盘实验室进行齿轮齿条式转向器的拆装，并符合其工艺过程和要求	4
	任务三 循环球式转向器的拆装	①掌握循环球式转向器的构造、特点； ②掌握循环球式转向器的工作原理； ③能够规范地进行循环球式转向器的拆装	活动1：仿真实验室进行循环球式转向器的讲解或是采用多媒体教学； 活动2：底盘实验室进行循环球式转向器的拆装，并符合其工艺过程和要求	4
	任务四 蜗杆曲柄主销式转向器的拆装	①掌握蜗杆曲柄主销式转向器的构造、特点； ②掌握蜗杆曲柄主销式转向器的工作原理； ③能够规范地进行蜗杆曲柄主销式转向器的拆装	活动1：仿真实验室进行蜗杆曲柄主销式转向器的讲解或是采用多媒体教学； 活动2：底盘实验室进行蜗杆曲柄主销式转向器的拆装，并符合其工艺过程和要求	4
	任务五 动力转向系统的拆装	①掌握动力转向系统的构造、特点； ②掌握动力转向系统的工作原理； ③能够规范地进行动力转向系统的拆装	活动1：底盘实验室介绍动力转向系统的构造、特点及工作原理； 活动2：底盘实验室进行动力转向系统的拆装；并符合技术标准	2

续上表

教学项目	工作任务	课程内容及教学要求	活动设计	参考学时
项目七制动系统的拆装与检修	任务一 制动系统的构造与原理	①掌握汽车制动系统的功用、组成及要求； ②掌握汽车制动系统的构造与工作原理； ③能够准确说出制动系统的结构	活动1：仿真实验室进行制动系统的讲解或是采用多媒体教学； 活动2：底盘实验室进行制动系统的认识	2
	任务二 制动踏板的拆装和调整	①掌握制动踏板的拆装方法； ②掌握制动踏板的调整方法； ③能够规范地进行制动踏板的拆装和调整	活动1：仿真实验室进行制动踏板的讲解或是采用多媒体教学； 活动2：到底盘实验室进行制动踏板的拆装和调整，并符合其工艺过程和要求	2
	任务三 浮钳盘式制动器的拆装	①掌握盘式车轮制动器的特点、构造； ②掌握盘式车轮制动器的工作原理； ③能够规范地进行浮钳盘式制动器的拆装	活动1：仿真实验室进行盘式车轮制动器的讲解或是采用多媒体教学； 活动2：到底盘实验室进行盘式车轮制动器的拆装，并符合其工艺过程和要求	6
	任务四 鼓式制动器的拆装	①掌握鼓式车轮制动器的特点、构造； ②掌握鼓式车轮制动器的工作原理； ③能够规范地进行鼓式制动器的拆装	活动1：仿真实验室进行鼓式车轮制动器的讲解或是采用多媒体教学； 活动2：底盘实验室进行鼓式车轮制动器的拆装，并符合其工艺过程和要求	4
	任务五 制动系统常见故障诊断并排除	①掌握制动系统常见故障的现象； ②掌握制动系统常见故障的原因； ③能够规范地进行制动系统常见故障诊断并排除	活动1：仿真实验室进行制动系统的讲解或是采用多媒体教学； 活动2：底盘实验室进行制动系统的拆装，并符合其工艺过程和要求	4
机动				2
考核				2
合计				96

项目内容具体学时分配，如表2所示。

项目内容具体学时分配

表2

教学项目	教学任务	教学形式	学时	总学时
项目一 离合器的拆装和检修	任务一　离合器的构造与原理	现场教学＋多媒体课件	2	12
	任务二　离合器及操作机构的拆装	多媒体讲授＋实物教学	2	
		实验实训	2	
	任务三　离合器及操作机构的检修	多媒体讲授＋实物教学	2	
		实验实训	4	
项目二 手动变速箱的拆装与检修	任务一　手动变速箱的构造与原理	现场教学＋多媒体讲授	2	16
	任务二　手动变速箱的拆装	多媒体讲授＋实物教学	2	
		实验实训	4	
	任务三　手动变速箱的检修	多媒体讲授＋实物教学	4	
		实验实训	4	

续上表

教学项目	教 学 任 务	教 学 形 式	学时	总学时
项目三 万向传动装置的拆装与检修	任务一　万向传动装置的构造与原理	现场教学 + 多媒体课件	2	8
	任务二　球笼式万向传动装置的拆装	现场教学 + 多媒体课件	1	
		实验实训	1	
	任务三　十字轴式刚性万向节的拆装	现场教学 + 多媒体课件	1	
		实验实训	1	
	任务四　万向传动装置的检修	现场教学 + 多媒体课件	1	
		实验实训	1	
项目四 驱动桥的拆装与检修	任务一　驱动桥的认识	多媒体教学	2	12
		实验实训	2	
	任务二　主减速器的拆装	现场教学 + 多媒体课件	1	
		实验实训	3	
	任务三　差速器的拆装	现场教学 + 多媒体课件	2	
		实验实训	2	
项目五 行驶系统拆装与检修	任务一　行驶系统的构造与原理	多媒体教学	2	14
	任务二　车轮和轮胎的构造及规格	现场教学 + 多媒体课件	2	
		实验实训	2	
	任务三　轮胎的换位与更换	现场教学 + 多媒体课件	1	
		实验实训	1	
	任务四　车轮和轮胎的检修	现场教学 + 多媒体课件	2	
	任务五　悬架相关部件的拆装	现场教学 + 多媒体课件	2	
		实验实训	2	
项目六 转向系统的拆装与检修	任务一　转向系统的构造与原理	现场教学 + 多媒体课件	2	16
	任务二　齿轮齿条式转向器的拆装	现场教学 + 多媒体课件	2	
		实验实训	2	
	任务三　循环球式转向器的拆装	现场教学 + 多媒体课件	2	
		实验实训	2	
	任务四　蜗杆曲柄主销式转向器的拆装	现场教学 + 多媒体课件	2	
		实验实训	2	
	任务五　动力转向系统的拆装	现场教学 + 多媒体课件	1	
		实验实训	1	

续上表

教学项目	教学任务	教学形式	学时	总学时
项目七 制动系统的拆装与检修	任务一 制动系统的构造与原理	现场教学+多媒体课件	2	18
	任务二 制动踏板的拆装和调整	实验实训	2	
	任务三 浮钳盘式制动器的拆装	现场教学+多媒体课件	2	
		实验实训	4	
	任务四 鼓式制动器的拆装	现场教学+多媒体课件	2	
		实验实训	2	
	任务五 制动系统常见故障诊断并排除	现场教学+多媒体课件	2	
		实验实训	2	
合计			96	96

4 实施建议

4.1 教材选用和编写建议

(1)教材选用

本课程选用国家高职高专规划教材,即《汽车底盘构造与维修》,曲英凯,ISBN 9787114093562,人民交通出版社出版。

(2)教材、教学参考资料使用建议

①《汽车底盘构造与维修》,贺大松,机械工业出版社;

②《汽车底盘构造与维修》,郑劲、张子成,化学工业出版社;

③《汽车底盘构造与维修》,张红伟,西安电子科技大学出版社;

④《汽车底盘构造与维修》,冷传广,中国劳动社会保障出版社。

4.2 教学建议

(1)在讲解离合器时,可以利用现代化的教学手段、教学方法:多媒体课件,并安排在底盘实验室或者是一辆整车。

(2)在学习变速器时,可以充分利用现代化的教学手段、教学方法:多媒体课件、录像,并安排在变速器实验室或者是一辆整车。

(3)在学习驱动桥时,可以利用多媒体课件,并安排在底盘实验室进行现场教学、拆装训练等。

(4)在学习行驶系时,可以利用多媒体课件、录像,并安排在底盘实验室。

(5)在学习转向系时,可以利用多媒体课件、录像,并安排在底盘实验室进行现场教学、拆装训练等。

(6)在学习制动系时,可以利用多媒体课件、录像,并安排在底盘实验室。

(7)改革课程考核方法,要求采用理论结合实践的考核方式。

(8)重视学生之间的团结和协作,培养共同解决问题的团队精神。

4.3 教学考核评价建议

对学生实行以职业能力为中心的考核,通过各种不同的考试形式激发学生自主学习的积极性,在解决实际问题的工作能力,获取新知识、新技能的学习能力,团队活动的合作能力和职业语言表达能力等方面得到体现。

(1)合格标准

①不得无故旷课(有事请假不得超过10节);

②平时成绩不低于24分;

③总分大于或等于60分;

④没有不诚信行为。

(2)成绩构成

课程考核由平时考核和结果考核组成,本门课程平时成绩占30分,过程考核占60分,实验报告占10分。

(3)考核内容

学习态度、对知识点的掌握、对专业技能的掌握、综合素质表现(社会能力、方法能力、职业素养等)。

(4)考核方案

考核内容、标准与方式,如表3所示。

考核项目及考核形式 表3

考核项目(%)	考核形式或内容
期末考试(60%)	实践操作考试+口试
工作过程考核(20%)	由工作项目考核表确定各项目的考核成绩
平时成绩(20%)	出勤、课堂纪律、作业等

4.4 课程资源的开发与利用

(1)多媒体资源:积极制作集影视、动画和图片资料为一体的多媒体课件。

(2)实训室利用:汽车维修实训中心是本课程的实践教学基地。

(3)校外基地利用:开发了丰田4S店、燕宝4S店、雷克萨斯4S店、上海大众4S店等三十多个校外实习基地,给《汽车底盘构造与维修》教学提供了强有力的支持。

(4)建立学习资料库,推荐国内与专业有关的网站地址,积极引导与培养学生自主学习、资料查询等能力。

《汽车故障诊断与检测技术》课程标准

【课程名称】

汽车故障诊断与检测技术

【课程类型】

专业平台课程

【总 学 时】

90 学时(理论:48;实践:42)

【分 制】

100 分

【适用专业】

汽车运用技术专业、汽车电子技术专业、汽车检测与维修技术等相关专业、二手车鉴定与评估

【课程性质】

《汽车故障诊断与检测技术》是高职汽车运用技术专业的一门专业平台课程,是研究车辆发动机、底盘、电气、控制系统故障检测及诊断技能的一门专业技术课程。

1 前言

1.1 课程定位

《汽车故障诊断与检测技术》是汽车运用技术专业针对汽车售后服务岗位能力进行培养的一门专业核心课程。课程主要内容有汽车故障诊断基础、发动机故障诊断、底盘故障诊断、电气故障诊断、控制系统故障诊断等。本课程根据汽车运用技术专业人才培养方案设立,是结合我国目前汽车维修行业的实际情况而设置。其前导课程为《汽车机械识图》、《汽车机械基础》、《汽车电工电子技术》、《汽车发动机构造与维修》、《汽车底盘构造与维修》、《汽车电气设备诊断与维修》、《汽车发动机电控系统诊断与维修》、《汽车底盘电控系统诊断与维修》等专业课程。汽车故障诊断与检测技术应用于汽车维修生产的多个工作环节,是汽车维修人员典型的工作任务,也是其应具备的重要技能。同时为后续的顶岗实习及日后考取汽车维修中级工职业资格证书打下基础。

本课程实践性强,课程设置的目的,就是通过系统的学习,培养学生科学缜密的诊断思路,以及大量的故障案例分析,加上集中实训,使学生能够理论联系实际,掌握汽车故障诊断的方法;同时使学生综合分析问题和解决问题的能力得以有力的提高。

1.2 设计思路

《汽车故障诊断与检测技术》依据汽车运用技术专业人才培养方案中的要求,结合汽车维修工的岗位需求,将汽车故障诊断技术分为五个项目。每个项目又以车辆实际故障案例进行

教学，将汽车故障诊断理论与实际故障进行充分的融合，最终达到掌握汽车综合故障诊断要求。

课程在设计中参考东风雪铁龙维修工培训、丰田二级技术员培训要求来进行设计。通过学习车间的安全操作流程，对车辆故障诊断时的安全操作具备充分认识。随后通过在各个项目中引入实际的案例分析，建立相应的教学情境，使学生掌握汽车发动机系统、汽车底盘系统、汽车电气系统、汽车电子控制系统中的故障诊断方法，逐步建立学生故障诊断的逻辑思维。

2 课程目标

2.1 总体目标

通过任务引领的项目活动，学生能够掌握汽车检测诊断技术的相关知识；培养学生掌握汽车发动机、汽车底盘、汽车控制系统、汽车电气检测诊断方法，并能对检测结果进行正确的诊断分析；使学生具备观察汽车故障现象，正确分析故障原因，准确查找故障部位并将其排除的系统化能力；培养学生良好的职业道德和严谨的工作作风，为汽车售后服务职业岗位提供合格的高等技术应用型专门人才。

2.2 具体目标

(1)知识目标

①熟悉汽车维修安全生产规范和操作规程；

②能够正确使用各种诊断仪器设备；

③能够根据故障现象分析故障原因；

④能够通过仪器检测数据分析，确定故障部位；

⑤能够独立完成故障排除任务；

⑥能够从案例当中找到共性，寻找规律，积累经验，举一反三。

(2)能力目标

①能够熟练使用汽车故障诊断设备；

②能够利用故障诊断方法对故障进行诊断分析；

③能够根据故障现象，对故障原因作出可行性分析；

④能够利用维修资料，作出故障结果分析；

⑤能根据工作任务需求，搜集、整理和学习相关资源信息制订出诊断方案。

(3)素质目标

①能自主学习新知识、新技术；

②能够通过各种媒体资源查找所需信息；

③能够养成善于观察、独立思考的学习习惯。

3 课程内容与要求

本课程的课程内容与教学要求，如下表所示。

课程内容与教学要求

序号	学习任务	课程内容及教学要求	活 动 设 计	学时
1	任务一 汽车故障诊断基础知识	①了解汽车故障诊断安全注意事项	①课程在整车实训中心进行，需要多媒体配合； ②带领学生参观车间安全管理制度，讲授故障诊断安全注意事项，示范诊断设备的使用方法，用案例教学法引出故障诊断基本方法，讲授其内容； ③利用仿真教学软件进行模拟训练； ④注意在教学过程中选取典型案例，激发学生对故障诊断的学习兴趣	2
		②掌握诊断设备的使用		
		③了解诊断的注意事项		2
		④了解诊断一般流程		
		⑤掌握故障诊断的基本方法		
2	任务二 发动机系统故障诊断	①了解冷却系统常见故障现象	①建议课程在校内发动机实训场地进行，并加以多媒体配合； ②用案例教学方法引导出冷却、润滑、发动机综合故障的基础知识，讲授诊断方法同时配以教师的示范相关故障的诊断方法，来进行教学； ③利用仿真教学软件进行发动机综合故障诊断模拟训练； ④注意授课过程中积极引导学生思考发动机综合故障的诊断思路； ⑤在授课过程中注意实训的安全	2
		②学会冷却系统故障诊断		2
		③了解润滑系统常见故障现象		2
		④学会润滑系统故障诊断		4
		⑤学会发动机无法起动故障		4
		⑥学会发动机起动后故障		4
		⑦掌握发动机综合故障诊断的方法		4
3	任务三 底盘系统故障诊断	①了解离合器故障诊断流程	①建议课程在校内底盘实训场地进行； ②离合器、制动系统用案例法引出其故障诊断方法，用分组讨论法加讲授法讲授变速器、传动系的故障诊断思路； ③利用仿真教学软件进行变速器故障诊断模拟训练； ④底盘部件较多，可选取较为常见的案例进行教学，通过举一反三，掌握底盘系统的故障诊断方法	2
		②掌握离合器故障诊断方法		4
		③学会变速器故障诊断方法		4
		④学会传动系统故障诊断方法		4
		⑤掌握制动系统故障诊断方法		4
		⑥驻车系统故障诊断方法		4
4	任务四 电器系统故障诊断	①学会电源系统故障诊断方法	①建议课程在校内电器实训场地进行，需要整车进行实训； ②案例法引出照明系统故障诊断思路后，讲解该系统的故障诊断方法，开展与学生讨论电源、起动、点火系统诊断方法，采用示范法验证学生讨论出的诊断方法； ③电气系统故障诊断思路相同，重点讲授灯光系统故障诊断方法； ④注意诊断过程严格按照相关故障诊断工艺进行	4
		②掌握起动系统故障诊断方法		4
		③了解电源及起动系统常见故障		4
		④掌握点火系统故障诊断方法		4
		⑤学会点火系统故障诊断流程		4
		⑥掌握照明系统故障诊断方法		4

续上表

序号	学习任务	课程内容及教学要求	活动设计	学时
5	任务五 控制系统的故障诊断	①了解电控发动机系统常见故障现象	①建议课程在校内整车实训场地进行，需有多媒体教学配合； ②以发动机电控故障为案例，讲授电控系统的诊断方法，由学生讨论ABS系统的故障诊断方法后，采用讲授法讲解控制系统诊断方法及注意事项； ③利用仿真教学软件进行发动机控制故障诊断模拟训练； ④授课过程中，须强调电控系统故障诊断注意事项； ⑤严格按照控制系统相关故障诊断流程进行	4
		②掌握电控发动机故障诊断方法		4
		③了解ABS系统常见故障现象		2
		④掌握ABS防抱死故障诊断方法		4
机动				2
考核				2
合计				90

4 实施建议

4.1 教材选用和编写建议

(1)教材选用

本课程主要教材使用人民交通出版社出版的高等职业教育教材，即由崔选盟主编的《汽车故障诊断技术》。

实训时需要参考雪铁龙技术维修手册、丰田技术培训手册，完成相应的实训内容。

主要参考书及参考资料：

《东风雪铁龙凯旋维修手册》，东风雪铁龙出版；

《丰田花冠维修手册》，一汽丰田出版；

《东风日产骐达/颐达维修手册》，东风日产出版；

《上海通用别克凯越轿车维修手册》，上海通用汽车出版；

《大众桑塔纳维修手册》，上海大众汽车出版。

(2)教材编写原则与要求

随着汽车故障诊断技术的不断发展，本课程需要在课程讲义中及时更新汽车故障诊断技术的知识，收集来自汽车维修企业最新维修诊断标准。为日后编写院本教材《汽车故障诊断与检测技术》做准备。编写原则上主要参考东风雪铁龙汽车维修手册、丰田车系维修手册作为课程内容的技术标准。

(3)教材、教学参考资料使用建议

由于汽车技术随着科学技术的不断发展而变化，因此在教学中也尽量选取一些新车型的维修手册及技术参考标准，作为课程的教学参考。

4.2 教学建议

为了保证学生在实训中的教学质量，应按照《汽车故障诊断与检测技术》课程中所要求，配置相应的教学资源。此外在学生分组过程中，每组成员人数原则上每组不超过8人。在实训中，应安排具有生产一线及较高实践技能水平的教师或企业技术人员，担任实训指导教师。

在教学中应穿插大量维修案例，用案例教学方法，拓展学生的视野。注重培养学生思考和动手能力的同步提升。由于本课程教学内容与实践联系紧密，可要求学生利用课余时间或假期，到维修企业去收集生产一线维修案例，完成一定的故障分析论文。

4.3 教学考核评价建议

（1）本课程项目考核内容及成绩计算方法为：平时课堂提问成绩（占15%）、实验实训成绩（占25%），实训操作考试成绩（占60%）。

（2）考核过程中应加入对车间及考试场所的5S管理内容，还应加入对学生的学习能力、思维应用拓展能力、团队协作和吃苦耐劳精神方面的考核。

4.4 课程资源的开发与应用

（1）充分调动学生积极性，展开汽车故障案例的收集，建立汽车故障诊断案例库，始终保持本课程的故障诊断案例在不断更新；

（2）利用校企合作项目，不断将汽车相关企业的最新维修资料及技术标准加入课程当中，激发学生对新知识的学习兴趣；

（3）为方便学生的学习，将汽车故障案例放置学院精品课程网站上，便于学生课前预习及课后的复习。

4.5 其他说明

（1）课程在开展过程中，应及时更新加入新的维修案例保证知识内容的不断更新。

（2）尽量给学生布置带有分析故障的练习作业，拓展学生的独立思考能力。

《汽车专业英语》课程标准

【课程名称】

汽车专业英语

【课程类型】

专业平台课程

【总 学 时】

60 学时(理论:48;实践:12)

【分　　制】

100 分

【适用专业】

汽车运用技术专业、汽车电子技术专业、汽车检测与维修技术专业、汽车整形技术专业

【课程性质】

《汽车专业英语》是汽车运用技术专业基础课程。本课程重点培养学生的专业英语知识掌握能力和岗位工作中英语知识的实际应用能力。

1　前言

1.1　课程定位

本课程是汽车运用技术专业的一门专业基础课程,明确职业岗位对于学习者专业核心能力和专业英语知识水平的总体要求,重点培养学生的专业英语知识掌握能力和岗位工作中英语知识的实际应用能力。本课程与其他专业核心课是相辅相成的关系,对于学生提高思想素质和科学文化素质,掌握职业技能,形成综合职业能力,以及今后的学习和发展具有重要作用;为今后从事汽车行业工作,以及为适应其发展提供所必需的继续学习能力奠定良好的基础。

先修课程有:《汽车机械识图》、《汽车机械基础》、《汽车发动机构造与维修》、《汽车底盘构造与维修》、《汽车发动机电控系统诊断与维修》等。与其并行的课程主要有:《汽车故障诊断与检测技术》、《汽车电路识图》等。

1.2　设计思路

随着我国汽车行业的发展,越来越多地与国外技术合作以及技术引进,汽车行业对汽车专业英语的需求日益凸显,使得本课程在汽车专业中成为一门必不可少的专业平台课程。

根据对本专业学生普遍就业的汽车售后服务行业的调研表明,学生主要应掌握一定量的汽车专业词汇,具备一定的专业英语阅读能力和翻译能力,能够借助工具书读懂汽车检测仪器设备英文说明书或在使用过程中的英文指令。

本课程依据工学结合的要求,教学内容的选择和安排主要有以下特点:

(1)汽车文化和汽车专业知识交替,增加趣味性又不脱离专业,让学生在不知不觉中掌握和积累专业词汇。

(2)教材内容和补充内容交替,增加学生的新鲜和好奇感,让学生在兴趣中学习和巩固(因为在补充材料中有一些已经学过的词汇,这样反复出现,增强记忆)。

(3)常用英文缩写与实际结合,检测仪器使用说明书与实验结合,学以致用,使学生的学习过程兴趣盎然。

(4)本课程安排在第四学期,周课时为4课时,总学时为60学时。

2 课程目标

2.1 总体目标

本课程以实用为目的,以培养三年制高等职业教育技能型人才为总体目标。在实施教学的过程中,明确职业岗位对于学生专业核心能力和专业英语知识水平的总体要求,针对学生在未来职业中可能遇到的英文进行口头和书面交际的需要,结合学生认知规律,通过听、说、读、写与翻译多种技能的训练,掌握维修企业人员所需要的专业英语。通过学习本课程,重点培养学生的专业英语知识掌握能力和岗位工作中英语知识的实际应用能力。

2.2 具体目标

本课程主要从三个方面实现课程目标,包括知识目标、技能目标和素质目标(见表1、表2和表3)。

知 识 目 标 表1

知识	语言知识目标
语音	掌握基本专业单词的语音并能在业务会话中做到语音、语调基本自然
词汇	①掌握基本专业词汇的英文表达,熟悉常用英文缩写; ②学习和掌握常用专业词汇
功能	灵活运用已经学过的常用功能项目,进一步学习并掌握新的功能项目
译	掌握专业英语基本翻译方法,能借助工具书进行与专业相关的英语资料的书面翻译

技 能 目 标 表2

技能	语言技能目标
听	①能听懂英语课堂用语和课文讲解; ②能听懂业务话题的会话
说	能有效地使用交际功能的表达形式展开业务交际活动,如了解客户的汽车维修和养护要求、汇报汽车问题检测情况等
读	①能完成常见体裁的业务资料的阅读; ②能够借助工具书读懂并翻译工作中使用的专业英文资料以及进口汽车的相关说明书,汽车检测仪器设备的英文说明;读懂检测仪器使用指令
写	能用英语填写表格

素 质 目 标 表3

目标描述
①认识个性特征与个性倾向,明确职业方向; ②在小组合作探究活动中形成团结协作精神,提高交往能力、解决问题能力; ③在英语学习过程中,发展自主学习、主动获取信息的能力

3 课程内容和要求

根据现代汽车售后服务行业的发展和企业的需求确定课程内容,根据工学结合的要求确定工作任务。通过学习本课程和有指导的课外自学,应达到如下要求:掌握汽车专业英语的基本学习方法、技巧;理解并一定程度上掌握在专业英语中词语活用及从句、长句等翻译技巧方法;熟悉汽车专业的一些常用专业英语词汇,具有阅读、翻译英文专业资料的初步能力,能笔译成中文,译文基本正确、通顺。同时,为今后的实际工作奠定一定的专业英语基础。本课程内容和要求,见表4所示。

课程内容及要求

表4

<table>
<tr><th>序号</th><th>学习任务</th><th>课程内容及教学要求</th><th>活动设计</th><th>参考学时</th></tr>
<tr><td>1</td><td>发动机两大机构构造及工作原理</td><td>①掌握两大机构各部件的英文名称；
②能够阅读关于两大机构构造及工作原理的英文阅读材料；
③能够独立完成相关英文资料的阅读理解；
④掌握相关的英文缩写</td><td rowspan="6">①列出本次任务应掌握的重点词汇及英文缩写；
②利用多媒体课件，以构造图解的形式讲解专业词汇；
③利用英文视频或动画讲解相关部件的构造及工作原理；
④常用英文缩写与实际结合进行讲解，学以致用；
⑤建议每次课检查学生掌握重点词汇的情况；
⑥定期进行小测试，督促学生平时学习；
⑦布置课后任务：
a. 学会一句日常用语，记住 3 个常用单词，并在课堂上为大家讲解；
b. 记住 5 个重点词汇、2 个英文缩写，并在课堂上为大家展示</td><td>4</td></tr>
<tr><td>2</td><td>发动机润滑系、冷却系构造及工作原理</td><td>①掌握润滑系、冷却系各部件的英文名称；
②能够阅读关于润滑系、冷却系构造及工作原理的英文阅读材料；
③能够独立完成相关英文资料的阅读理解；
④掌握相关的英文缩写</td><td>4</td></tr>
<tr><td>3</td><td>发动机燃油供给系构造及工作原理</td><td>①掌握燃油供给系各部件的英文名称；
②能够阅读关于燃油供给系构造及工作原理的英文阅读材料；
③能够独立完成相关英文资料的阅读理解；
④掌握相关的英文缩写</td><td>4</td></tr>
<tr><td>4</td><td>发动机起动系构造及工作原理</td><td>①掌握起动系各部件的英文名称；
②能够阅读关于起动系构造及工作原理的英文阅读材料；
③能够独立完成相关英文资料的阅读理解；
④掌握相关的英文缩写</td><td>4</td></tr>
<tr><td>5</td><td>发动机点火系构造及工作原理</td><td>①掌握点火系各部件的英文名称；
②能够阅读关于点火系构造及工作原理的英文阅读材料；
③能够独立完成相关英文资料的阅读理解；
④掌握相关的英文缩写</td><td>4</td></tr>
<tr><td>6</td><td>传动系构造及工作原理</td><td>①掌握传动系各部件的英语名称；
②能够阅读并翻译关于传动系构造及工作原理的英文阅读材料；
③能够独立完成相关英文资料的阅读理解；
④掌握相关的英文缩写</td><td>4</td></tr>
</table>

续上表

序号	学习任务	课程内容及教学要求	活动设计	参考学时
7	转向系构造及工作原理	①掌握转向系各部件的英语名称； ②能够阅读并翻译关于转向系构造及工作原理的英文阅读材料； ③能够独立完成相关英文资料的阅读理解； ④掌握相关的英文缩写		4
8	制动系构造及工作原理	①掌握制动系各部件的英语名称； ②能够阅读并翻译关于制动系构造及工作原理的英文阅读材料； ③能够独立完成相关英文资料的阅读理解； ④掌握相关的英文缩写		4
9	行驶系构造及工作原理	①掌握制动系各部件的英语名称； ②能够阅读并翻译关于制动系构造及工作原理的英文阅读材料； ③能够独立完成相关英文资料的阅读理解； ④掌握相关的英文缩写		4
10	电控发动机总体构造及工作原理	①掌握与电控发动机构造及工作原理相关的英文专业词汇； ②能够阅读并翻译关于电控发动机构造及工作原理的英文阅读材料		4
		①能够独立完成相关英文资料的阅读理解； ②掌握相关的英文缩写		2
11	传感器基本构造及工作原理	①掌握八大传感器的英语名称； ②能够阅读并翻译关于传感器构造及工作原理的英文阅读材料； ③能够独立完成相关英文资料的阅读理解； ④掌握相关的英文缩写		4
12	电控悬架构造及工作原理	①掌握电控悬架各部件的英语名称； ②能够阅读并翻译关于电控悬架构造及工作原理的英文阅读材料； ③能够独立完成相关英文资料的阅读理解； ④掌握相关的英文缩写		2
13	ABS、ESP、ASR、TCS	①掌握与 ABS、ESP、ASR、TCS 相关的英文专业词汇； ②掌握常见的 ABS、ESP、ASR、TCS 等新技术的基本构造及工作原理； ③掌握相关的英文缩写	建议使用视频、动画等多媒体资料讲解这些部件的构造及工作原理	2

续上表

<table>
<tr><th>序号</th><th>学习任务</th><th>课程内容及教学要求</th><th>活 动 设 计</th><th>参考学时</th></tr>
<tr><td rowspan="3">14</td><td rowspan="3">汽车诊断仪器检测设备使用</td><td>①能读懂英文操作系统的汽车诊断仪器及检测设备英文说明书</td><td rowspan="3">①建议设计检测试验项目，让学生使用汽车诊断仪器进行实际检测；
②通过实验查看学生对英文操作系统的汽车诊断仪器及检测设备是否操作正确，对学生作出评价；
③建议通过学生对仪器使用说明书的阅读，增强学生对专业词汇的掌握；
④建议通过实验的方法提高学生的学习兴趣</td><td>2</td></tr>
<tr><td>②能理解英文操作系统的汽车诊断仪器及检测设备的操作指令</td><td>2</td></tr>
<tr><td>③能够正确使用英文操作系统的汽车诊断仪器及检测设备</td><td>2</td></tr>
<tr><td colspan="4">机动</td><td>2</td></tr>
<tr><td colspan="4">考核</td><td>2</td></tr>
<tr><td colspan="4">合计</td><td>60</td></tr>
</table>

4 实施建议

4.1 校企合作教材的编写建议

（1）校企合作教材的编写原因

目前市场上的汽车专业英语教材普遍难度较大，理论知识较深，英语词汇量大，与现在学生实际情况不相符，并且与专业实践联系不多，教学效果不理想。所以需要编写校企合作教材，以满足教学要求。

（2）校企合作教材编写的原则与要求

编写校企合作教材时，必须依据本课程标准，充分体现任务引领、实践导向课程设计思想，教材内容呈现方式；教材要体现先进性、通用性、实用性；反映新技术、新工艺，典型产品或服务的选择要科学，体现地区产业特点；文字表述必须符合规范要求；活动设计要具体、可操作。

根据企业调研与汽车售后服务行业的现状调整教材内容，改变以往的只是构造英语，而应当以构造英语为基础，加入电控发动机等现代汽车新技术英语和汽车检测仪器设备使用指南等内容。

（3）教材、教学参考资料使用建议

建议教材参考目录如下：

《汽车实用英语》（新编），人民交通出版社，赵金明、林振江主编；

《汽车实用英语》，人民交通出版社，陈汝芬、袁亮主编；

《汽车实用英语》，机械工业出版社，王海林主编；

《汽车实用英语》，电子工业出版社，粟利萍主编。

参考资料：

《汽车工程专业英语资源》，机械工业出版社出版，李俊玲主编。

4.2 教学建议

鉴于职业院校学生的英语程度较差、对英语学习兴趣不高的特点，建议本课程的教学方法注重：

（1）以各种形式让学生参与教学，调动学生的学习积极性；

(2)将专业英语教学与其他专业课相结合,采用现场教学法,既以实物为载体,将专业英语融入实际应用之中。

(3)采用《汽车专业英语》精品课程教学模式,理论与实践相结合。

4.3　教学考核评价建议

(1)教学评价应包括对教师的评价、教学过程的评价、教学效果的评价突出阶段评价、目标评价、理论与实践一体化评价,关注评价的多元性。

(2)对于学生的考核,注重平时的考核:课堂考核(出勤情况、听课情况、活动情况等),占20%;作业考核(多种形式的作业,如课后任务、听写等),占20%;团队合作考核,占20%;随机测验,期中和期末考试占总评分数的40%。

4.4　课程资源的开发与利用

课程资源开发与利用:包括相关教辅材料、实训指导手册、信息技术应用、工学结合、网络资源、仿真软件等。

二、专业核心课程标准

《汽车底盘电控系统诊断与维修》课程标准

【课程名称】

汽车底盘电控系统诊断与维修

【课程类型】

专业核心课程

【总 学 时】

90 学时(理论:44;实践:46)

【分　　制】

100 分

【适用专业】

汽车运用技术专业

【课程性质】

《汽车底盘电控系统诊断与维修》是工科高职汽车运用技术专业的一门专业核心课程,是研究汽车底盘各电控系统组成、工作原理和故障诊断与维修技术为主要内容的一门专业技术课。

1　前言

1.1　课程定位

本课程主要内容包括自动变速器维修、制动防抱死维修、驱动防滑转维修、车辆稳定性系统维修、悬架维修和动力转向系统维修,实操性非常强,是一门独立的专业技术课。课程设置的目的,是通过本课程的学习与实践,为后续课程设计、毕业设计打下重要基础;在能力培养方面,能为学生学习与运用汽车底盘电控知识,分析汽车底盘电控系统常见故障原因并排除故障有着重要的作用。本门课程的先修课程有《汽车机械识图》、《汽车机械基础》、《汽车电工与电子技术》、《汽车发动机构造与维修》、《汽车底盘构造与维修》等;本门课程的后修课程有《汽车维修企业管理》、《汽车营销技术》、《汽车电路识图》、《汽车保险与理赔》等。

1.2　设计思路

该课程依据人才培养方案中"工作任务与职业能力分析表"中的工作任务可分为六个学习情境,先让学生对汽车底盘电控的总体结构与布置、各系统组成及结构、汽车底盘电控安全知识有一定了解的基础上,通过情境学习,掌握电控自动变速器系统故障诊断与维修、电控制动防抱死系统故障诊断与维修、电控驱动防滑转系统故障诊断与维修、电子稳定性系统故障诊断与维修、电子控制悬架系统故障诊断与维修和电控动力转向系统故障诊断与维修的方法。

本项目设计以底盘电控系统的诊断与维修为线索来进行，并最终达到掌握底盘电控诊断技能的目标。在教学过程中，通过校企合作、校内实训基地建设等途径，采取工学结合、开放实训室等形式，充分开发教学资源，为学生提供充分的实践机会。通过过程评价、知识评价和实践操作评价的形式来评定项目教学效果；对项目评价的重点要突出实践操作的评价，以此凸显学生对相关项目技能的掌握。

2 课程目标

2.1 总体目标

通过任务引领的项目活动，学生能够掌握汽车底盘电控诊断技能和相关的理论知识。在熟悉底盘电控构造、原理及性能参数，会正确使用诊断仪器、维修手册和技术资料，熟悉汽车底盘电控的常见故障现象等基础上，培养学生进行底盘电控故障诊断的能力和对诊断数据进行分析的能力。

2.2 具体目标

(1)知识目标

①理解并掌握电路符号和识读简单的电路图；

②理解并掌握液力变矩器、自动变速器油、齿轮机构、换挡执行元件、阀体、电磁阀、传感器等总成的构造及工作原理；

③理解并掌握制动防抱死系统传感器、执行器、液压控制系统和电控系统、液压系统等元件及系统的构造及工作原理；

④理解并掌握电子稳定性系统传感器和电控系统的故障诊断排除方法；

⑤理解并掌握汽车电控悬架减振器阻尼力及其控制机构、弹簧刚度及其控制机构和电控系统的故障诊断和排除方法；

⑥理解并掌握汽车电控动力转向系统、四轮转向系统及其电控系统的故障诊断和排除方法。

(2)能力目标

①能够利用拆装、检测工具以及电路图排除自动变速器系统的故障；

②能够利用拆装、检测工具以及电路图排除电控防抱死系统的故障；

③能够利用拆装、检测工具以及电路图排除电控驱动防滑转系统的故障；

④能够利用拆装、检测工具以及电路图排除电子稳定性系统的故障；

⑤能够利用拆装、检测工具以及电路图排除电控悬架系统的故障；

⑥能够利用拆装、检测工具以及电路图排除电控动力转向、四轮转向系统的故障。

(3)素质目标

①能自主学习新知识、新技术；

②能够通过各种媒体资源查找所需信息；

③能够养成善于观察、独立思考的学习习惯。

3 课程内容与要求

汽车底盘电控系统诊断与维修课程的课程内容及教学要求，见下表所示。

<table>
<tr><th>序号</th><th>学习任务</th><th>课程内容与要求</th><th>活动设计</th><th>学时</th></tr>
<tr><td rowspan="16">1</td><td rowspan="16">任务一
电控自动变速器故障诊断与维修</td><td>①了解液力变矩器的结构和工作原理</td><td rowspan="16">活动1:采用多媒体教学法,讲解液力变矩器、辛普森、CR-CR、拉维那和威尔森行星齿轮机构、换挡执行元件、各阀体、电磁阀的组成、零部件结构、工作原理;
活动2:用汽车仿真实训软件,让学生上机练习拆装自动变速器,零部件检测;
活动3:采用实物教学法,安排学生分组练习拆装各类型自动变速器,零部件检测并填写工单;
活动4:采用分组教学法,安排学生在分组讨论辛普森、CR-CR、拉维那和威尔森行星齿轮机构动力传递路线;
活动5:采用多媒体教学法,讲解CVT、DSG或DCT组成、动力传递路线、控制方式及工作原理;
活动6:采用实物教学法,安排学生分组练习ATF的检查、加注和排放、道路实验、失速实验、油压实验、时滞实验及手动换挡实验并填写工单</td><td>4</td></tr>
<tr><td>②掌握ATF的检查、加注和排放方法</td><td>2</td></tr>
<tr><td>③知道换挡执行元件结构和工作原理</td><td>2</td></tr>
<tr><td>④知道辛普森行星齿轮机构结构、工作原理和动力传递路线(1)</td><td>2</td></tr>
<tr><td>⑤知道辛普森行星齿轮机构结构、工作原理和动力传递路线(2)</td><td>4</td></tr>
<tr><td>⑥知道CR-CR行星齿轮机构结构、工作原理和动力传递路线(1)</td><td>2</td></tr>
<tr><td>⑦知道CR-CR行星齿轮机构结构、工作原理和动力传递路线(2)</td><td>2</td></tr>
<tr><td>⑧知道拉维那行星齿轮机构结构、工作原理和动力传递路线(1)</td><td>2</td></tr>
<tr><td>⑨知道拉维那行星齿轮机构结构、工作原理和动力传递路线(2)</td><td>4</td></tr>
<tr><td>⑩知道威尔森行星齿轮机构结构、工作原理和动力传递路线</td><td>4</td></tr>
<tr><td>⑪知道各阀体、电磁阀的结构及其工作过程,看懂油路图</td><td>2</td></tr>
<tr><td>⑫了解各传感器、开关结构、安装部位及作用</td><td>2</td></tr>
<tr><td>⑬掌握控制原理,看懂电路图</td><td>2</td></tr>
<tr><td>⑭了解DSG或DCT组成、动力传递路线、控制方式及工作原理</td><td>2</td></tr>
<tr><td>⑮了解CVT结构、传动方式及工作原理</td><td>4</td></tr>
<tr><td>⑯掌握道路实验、失速实验、油压实验、时滞实验及手动换挡实验操作方法及实验结果分析</td><td>4</td></tr>
<tr><td rowspan="4">2</td><td rowspan="4">任务二
电控防抱死制动系统故障诊断与维修</td><td>①了解ABS系统的结构及工作原理</td><td rowspan="4">活动1:采用多媒体教学法,讲解ABS系统、传感器和执行器的组成、工作原理;
活动2:用汽车仿真实训软件,让学生上机学习ABS系统的结构及工作原理、练习检测ABS传感器波形、电压、阻值;
活动3:采用实物教学法,安排学生分组练习检测ABS传感器波形、电压、阻值,ABS排气、拆卸ABS系统执行器、用检测仪检测ABS系统故障代码并填写工单</td><td>2</td></tr>
<tr><td>②知道传感器和执行器的结构及工作原理</td><td>4</td></tr>
<tr><td>③掌握液压控制系统泄压和放气方法</td><td>2</td></tr>
<tr><td>④掌握电控系统的控制原理及失效保护</td><td>4</td></tr>
</table>

续上表

<table>
<tr><th>序号</th><th>学习任务</th><th>课程内容与要求</th><th>活 动 设 计</th><th>学时</th></tr>
<tr><td rowspan="3">3</td><td rowspan="3">任务三
电控驱动防滑控制系统故障诊断与维修</td><td>①了解 ASR 系统的结构及工作原理</td><td rowspan="3">活动 1:采用多媒体教学法,讲解 ASR 系统及执行器的结构、工作原理;
活动 2:用汽车仿真实训软件,让学生上机学习 ASR 系统的结构及工作原理、练习检测 ASR 传感器波形、电压、阻值;
活动 3:采用实物教学法,安排学生分组练习检测 ASR 传感器波形、电压、阻值,拆卸 ABS 系统执行器、用检测仪检测 ASR 系统故障代码并填写工单</td><td>2</td></tr>
<tr><td>②知道执行机构的结构及工作原理</td><td>2</td></tr>
<tr><td>③掌握电控系统的控制原理</td><td>2</td></tr>
<tr><td rowspan="3">4</td><td rowspan="3">任务四
电子稳定程序控制系统故障诊断与维修</td><td>①了解 ESP 系统的结构及工作原理</td><td rowspan="3">活动 1:采用多媒体教学法,讲解 ESP 系统及各传感器结构、安装位置、工作原理、控制原理;
活动 2:用汽车仿真实训软件,让学生上机学习 ESP 系统的结构及工作原理、练习检测 ESP 各传感器波形、电压、阻值、信号;
活动 3:采用实物教学法,安排学生分组练习检测 ESP 传感器波形、电压、阻值,检测 ESP 控制端子并填写工单</td><td>2</td></tr>
<tr><td>②知道各传感器结构、安装位置及工作原理</td><td>2</td></tr>
<tr><td>③掌握电控系统的控制原理</td><td>2</td></tr>
<tr><td rowspan="4">5</td><td rowspan="4">任务五
电子控制悬架系统故障诊断与维修</td><td>①了解电控悬架系统的组成和工作原理</td><td rowspan="4">活动 1:采用多媒体教学法,讲解电控悬架系统的组成和工作原理、控制方式等;
活动 2:采用实物教学法,安排学生分组练习检测电控悬架各传感器的信号、电压、阻值,检测电动悬架电磁阀好坏并填写工单</td><td>2</td></tr>
<tr><td>②知道减震器阻尼力调节方法及其控制机构</td><td>2</td></tr>
<tr><td>③知道弹簧刚度调节方法及其控制机构</td><td>2</td></tr>
<tr><td>④掌握电控悬架的控制方式</td><td>2</td></tr>
<tr><td rowspan="4">6</td><td rowspan="4">任务六
电控动力转向系统故障诊断与维修</td><td>①了解电控动力转向系统组成及工作原理</td><td rowspan="4">活动 1:采用多媒体教学法,讲解电控动力转向系统、4WS 系统的组成和工作原理等。
活动 2:
①采用实物教学法,安排学生分组练习检测电控悬架各传感器的信号、电压、阻值,检测动力转向的电机好坏,安装调试动力转向系统并填写工单;
②由于电控动力转向在各个车系中的差异较大,请按照该地区主流车型实施教学;
③电控动力转向多应用在高档车型中,学校的实训资源不足。可考虑应用仿真软件或试教板教学</td><td>4</td></tr>
<tr><td>②了解 4WS 系统组成及工作原理</td><td>2</td></tr>
<tr><td>③知道转向角比例控制 4WS 系统组成、工作过程</td><td>2</td></tr>
<tr><td>④知道横摆角速度比例控制 4WS 系统组成、工作过程</td><td>2</td></tr>
<tr><td colspan="4">机动</td><td>2</td></tr>
<tr><td colspan="4">考核</td><td>2</td></tr>
<tr><td colspan="4">合计</td><td>90</td></tr>
</table>

4 实施建议

4.1 专业教材及教学参考书的选用

(1)专业教材的选用

本课程选用高职高专汽车专业教材，即由人民交通出版社出版的《汽车底盘电控系统检修》。该教材能够满足教学，其教学效果较好。

（2）主要参考书及参考资料的选用

①《汽车底盘电控技术》（第二版），李春明，机械工业出版社，2009.08；

②《汽车底盘电控系统检修》，张立新，人民交通出版社，2012.01；

③《自动变速器原理与检修》，侯翠萍，机械工业出版社，2011.03；

④《汽车底盘电控维修》，曲英凯，电子工业出版社，2011.11；

⑤《丰田花冠电气维修》；日本丰田公司刘希恭（译），机械工业出版社。

实践部分的训练采用丰田汽车维修手册、雪铁龙维修手册进行实训教学。

4.2 教学建议

本课程教学对象为二年级学生。根据调查反馈信息和教学实践经验，可采取如下教学对策：

（1）在教学过程中，应立足于加强学生综合性专业素质、能力的培养，采用项目导向、任务引导提高学生学习兴趣，激发学生的成就动机。

（2）本课程教学的关键是如何处理好“理论与实践教学一体化”。在教学过程中，教师示范和学生分组讨论、训练互动，学生提问与教师解答、指导有机结合，让学生在“教”与“学”的过程中体会维修工间实际的维修过程及注意要点。

（3）在教学过程中，要创设工作情境，同时应加大实际操作的容量，在实际操过程中提高学生的岗位适应能力。

（4）在教学过程中，要应用多媒体、投影等教学资源辅助教学，帮助学生熟悉维修工间的维修过程及控制注意要点。

（5）在教学过程中，要重视本专业领域新技术、新工艺、新材料的发展趋势，贴近维修工间，为学生提供职业生涯发展的空间，努力培养学生参与社会实践的创新精神和职业能力。

（6）教学过程中教师应积极引导学生提升职业素养，提高职业道德。整个教学过程要求由维修实践经验丰富的“双师型”教师团队组织完成。

同时为了保证本课程项目化教学的质量，在教学中应该深化教师角色转变，注重科学引导。改变传统的课堂教学方式，深化改革，以学生为核心，教师走到学生中间，与学生开展全面的交流。

并且教师要把握要素设计、合理设置项目难度。在项目教学要素设计上，教师应充分地把握适度原则，不涉及难度大的项目使学生产生挫败感，同时又不涉及过于简单的项目，让他们能自主地实践并形成主动学习意愿。教学项目的设计是一个完整的统一体，要实现最终的完成目标，学生就必须将整个项目细化为单元项目，最终达到项目实践的整体完成。为了实现项目目标，学生们必须通过查询资料、提出问题、找出解决问题的方式来完成角色任务。因此在过程资源与项目资源的要素设计上，应模拟开展维修工间的项目过程设计，并配合完善的评价指导，帮助学生找到正确的项目实施方向。

4.3 教学考核评价建议

课程考核评价实行项目过程评价和综合技能评价相结合的方式。在实施过程中，课程教学按情境教学进行，完成一个情境就实施一个任务的考核评价，课程总成绩是平时作业（占20%）、课程项目报告（占20%）、过程技能考试（占30%）和期末技能考试（占30%）之和。期末技能考试采用分组现场提问、实际操作的方法进行。

4.4 课程资源的开发与利用

(1)注重课程资源和现代化教学资源的开发和利用,建立多媒体课程资源的数据库,提高课程资源利用效率。

(2)进一步完善本专业校内实训中心的现场教学、实验实训、职业技能证书考证功能,实现教学与实训合一、教学与培训合一、教学与考证合一;加强校企合作,充分利用校外实训基地,满足学生的实习实训。

(3)充分利用电子书籍、电子期刊、数据库和数字图书馆信息资源,使教学从单一媒体向多种媒体转变。

4.5 其他说明

(1)鉴于高职生源的多样性,在实施中要编好小组,取长补短,共同提高。

(2)指导教师在进行检测时要适时提供相关资料的索引,让学生自己去查阅,确保按时完成任务。

(3)实训中要突出规范遵循,力求完整、清晰。

(4)本课程只能为学生的汽车底盘电控部件、控制电路故障检测能力打下一定基础,在后续课程、毕业设计中尚需继续培养和提高。

《汽车电气设备诊断与维修》课程标准

【课程名称】

汽车电气设备诊断与维修

【课程类型】

专业核心课程

【总 学 时】

90 学时(理论:44;实践:46)

【分　　制】

100 分

【适用专业】

汽车运用技术专业

【课程性质】

《汽车电气设备诊断与维修》是汽车运用技术专业的一门专业核心课程。本课程通过理实一体化教学和集中实训,使学生能够理论联系实际,掌握汽车充电系统、起动系统、点火系统、仪表系统、照明控制电路和信号灯控制电路、电动控制系统、全车电路综合故障诊断等知识。

1　前言

1.1　课程定位

《汽车电气设备诊断与维修》是汽车运用技术专业的一门专业核心课程;课程设置目的是通过本课程的学习和实践,为本专业后续核心课程奠定基础,增强学生综合分析问题和解决问题的能力和实践操作的技能,毕业后能直接从事相关汽车机电维修企业的技术辅助工作。通过本课程的学习,学生能够更好地学习和掌握汽车电气设备的结构组成与工作过程;各种电气设备的拆装、检查及调整方法;能运用汽车电气设备知识分析汽车电气系统常见故障的原因,并掌握排除故障的方法。

1.2　设计思路

该课程是依据汽车运用技术专业人才培养方案中"汽车运用技术专业工作任务与职业能力分析表"中的"电气诊断"工作任务,可分为十个学习情境。先让学生对汽车电气设备的总体结构与布置、电气设备组成及电路符号、汽车电气设备安全知识有一定的了解基础上,通过充电系统故障诊断与维修,电动系统故障诊断与维修,照明、仪表系统故障诊断与维修,电子控制系统故障诊断与维修,汽车空调系统故障诊断与维修,汽车附属设备故障诊断与维修等学习情境。

本项目设计以电气设备系统的诊断与维修为线索来进行,并最终达到掌握电气设备诊断技能的目标。在教学过程中,通过校企合作、校内实训基地建设等途径,采取工学结合、开放实训室等形式,充分开发教学资源,为学生提供充分的实践机会。通过过程评价、知识评价和实践操作评价的形式来评定项目教学，对项目评价的重点要突出实践操作的评价，以此重点反映学生对相关项目的技能的掌握，并体现学生对相关职业能力的掌握程度。

2 课程目标

2.1 总体目标

通过任务引领的项目活动，学生能够掌握汽车电气设备诊断技能和相关的理论知识；熟悉电气设备构造、原理及性能参数；会正确使用诊断仪器、维修手册和技术资料，熟悉汽车电气设备的常见故障现象等基础上，掌握电气设备故障诊断的基本方法和对诊断数据进行分析。

2.2 具体目标

(1)知识目标

①掌握充电系统各部件的工作原理及不同车型的充电控制电路工作原理；

②掌握起动机结构原理及不同车型起动控制原理；

③掌握点火系统各部件的结构原理及微机控制原理；

④掌握不同车型的照明、信号控制电路原理；

⑤掌握电子仪表：水温表、机油压力表、转速表、车速表的结构和报警灯电路控制原理；

⑥掌握电动系统：门窗、门锁、后视镜、座椅、天窗、刮水器的结构及电路控制原理；

⑦掌握安全气囊的工作原理；

⑧掌握汽车空调系统各部件的结构原理及电路控制原理；

⑨会识读不同车型的全车电路图工作原理。

(2)能力目标

①能分析电路符号和简单的电路图，会使用汽车用万用表进行测量；

②掌握汽车充电电路如：蓄电池维护，发电机拆装与检测、充电电路故障诊断与维修；

③会使用拆装、检测工具，掌握正确拆装、检测起动机、电动门窗、中央门锁、电动后视镜、风窗刮水器的方法；

④会使用拆装、检测工具，会照明（远近光灯、防雾灯、阅读灯）、信号灯（转向灯、应急灯、制动灯、电喇叭）的电路故障诊断与维修，掌握仪表和显示系统的故障诊断与排除方法；

⑤会使用拆装、检测工具，掌握发动机电子控制系统、安全气囊、防盗系统故障诊断排除方法；

⑥会使用拆装、检测工具，掌握汽车空调制冷系统的加装及检漏及控制系统的检修方法；掌握汽车音响的拆装方法及故障诊断及排除技能；会分析查找导航系统的故障；

⑦会使用拆装、检测工具，掌握利用电路图进行全车电路分析方法，会全车电路综合故障诊断与故障排除。

(3)素质目标

①能自主学习新知识、新技术；

②能够通过各种媒体资源查找所需信息；

③能够养成善于观察、独立思考的学习习惯。

3 课程内容与要求

本课程的课程内容与要求，如下表所示。

课程内容与教学要求

序号	学习任务	课程内容及教学要求	课程设计	学时
1	任务一 诊断与修复汽车电源系统	①能根据维修工单,收集信息,制订作业计划; ②能进行蓄电池技术状况检查及更换,能进行汽车蓄电池充电; ③能进行发电机的就车检查及更换; ④能进行发电机解体检测与修复; ⑤能分析调节器内部电路控制原理; ⑥能全面地分析电源系统故障,确定故障的基本部位,并能排除故障; ⑦养成工作安全和事故防护的习惯; ⑧能按规定正确选择、使用材料	活动1:采用多媒体教学法,讲解汽车电源系统组成及工作原理,充电控制电路原理; 活动2:采用实物教学法,组织学生对蓄电池技术状况检查及更换,发电机进行解体检测与修复,学习蓄电池的充电并填写工单; 活动3:采用实物教学法,组织学生在整车上学习不充电故障的诊断与修复方法; 活动4:以案例教学法、分组讨论,组织学生分析电源系统故障,确定故障的基本部位,并能排除故障	12
2	任务二 诊断与修复汽车起动系统	① 能根据维修工单,收集信息,制定作业计划; ②能全面地分析汽车起动系统故障,确定故障的基本部位,并能排除故障; ③能对起动机进行解体检测与修复; ④养成工作安全和事故防护的习惯; ⑤能按规定正确选择、使用材料	活动1:采用多媒体教学法,讲解汽车起动系统组成及工作原理,起动机控制电路原理; 活动2:采用实物教学法,组织学生对起动机进行解体检测与修复并填写工单; 活动3:采用实物教学法,组织学生在整车上学习汽车起动系统故障的诊断、检测与修复方法	10
3	任务三 诊断与修复汽车点火系统	①能根据维修工单,收集信息,制订作业计划; ②能全面地分析汽车点火系统故障,确定故障的基本部位,并能排除故障; ③能对点火系统进行检测与修复; ④养成工作安全和事故防护的习惯; ⑤能按规定正确选择、使用材料	活动1:采用多媒体教学法,讲解电控点火系统组成及工作原理; 活动2:用汽车仿真实训软件,让学生上机练习调整点火正时、诊断点火系统故障流程和方法; 活动3:采用实物教学法,安排学生分组在整车上用仪器设备对无分电器点火系和有分电器点火系进行检测,分析 IGT、IGF 波形,并填写工单	14
4	任务四 诊断与修复汽车刮水器、除霜及清洗系统	①能根据维修工单,收集信息,制定作业计划; ②能全面地分析汽车刮水器及清洗系统故障,确定故障的基本部位,并能排除故障; ③检测刮水器开关好坏; ④检测刮水器电动机好坏; ⑤养成工作安全和事故防护的习惯; ⑥能按规定正确选择、使用材料	活动1:采用多媒体教学法,讲解汽车刮水器及清洗系统组成及工作原理; 活动2:采用实物教学法,组织学生在整车上学习汽车刮水器及清洗系统不工作故障的诊断与修复	12
5	任务五 诊断与修复汽车灯光系统	①能根据维修工单,收集信息,制定作业计划; ②能全面地分析汽车前照灯不亮、信号系统工作不正常故障,确定故障的基本部位,并能排除故障; ③检测灯总开关好坏; ④检测保险、灯光继电器好坏; ⑤检测转向开关、闪光继电器、制动开关好坏; ⑥养成工作安全和事故防护的习惯; ⑦能按规定正确选择、使用材料	活动1:采用多媒体教学法,讲解汽车灯光系统组成及工作原理、电路控制原理; 活动2:采用实物教学法,组织学生在整车上学习检测灯总开关好坏、检测保险、灯光继电器好坏、检测转向开关、闪光继电器、制动开关好坏; 活动3:采用案例教学法、组织学生分组讨论汽车前照灯不亮、信号系统工作不正常故障,确定故障的基本部位,并能排除故障	16

续上表

序号	学习任务	课程内容及教学要求	课程设计	学时
6	任务六 诊断与修复汽车仪表系统	①能根据维修工单收集信息,制订作业计划; ②能全面地分析汽车仪表无显示故障,确定故障的基本部位,并能排除故障; ③能全面地分析汽车水温表、机油表一直报警过高故障,确定故障的基本部位,并能排除故障; ④检测水温表、燃油表、转速表、里程表好坏; ⑤检测仪表各类传感器好坏; ⑥养成工作安全和事故防护的习惯; ⑦能按规定正确选择、使用材料	活动1:用多媒体教学法,以图片、视频为载体,导读和描述汽车仪表组成及各仪表工作原理; 活动2:用实物教学法,安排学生分组在实验台或整车上练习检测水温表、燃油表、转速表、里程表好坏,检测仪表各类传感器好坏; 活动3:采用案例教学和分组讨论法,分析汽车仪表无显示故障,确定故障的基本部位,并能排除故障、能全面地分析汽车水温表、机油表一直报警过高故障,确定故障的基本部位,并能排除故障	8
7	任务七 汽车全车电路综合故障诊断	①能根据维修工单收集信息,制订作业计划; ②能全面地分析汽车充电路故障,确定故障的基本部位,并能排除故障; ③能全面地分析汽车起动电路故障,确定故障的基本部位,并能排除故障; ④能全面地分析汽车点火电路故障,确定故障的基本部位,并能排除故障; ⑤能全面地分析汽车照明、信号电路故障,确定故障的基本部位,并能排除故障; ⑥能全面地分析汽车电动系统电路故障,确定故障的基本部位,并能排除故障	活动1:用多媒体教学法,以图片、视频为载体,导读和描述汽车电路符号含义、各种车型电路识图; 活动2:组织学生识读各种车型电路图; 活动3:采用案例教学和分组讨论法,分析汽车全车电路的故障,确定故障的基本部位,并能排除故障	14
机动				2
考核				2
合计				90

4 实施建议

4.1 教材选用和编写建议

(1)教材选用

本课程选用人民交通出版社出版的高等职业教育规划教材,即由周建平主编的《汽车电气设备构造与维修》。

(2)教材、教学参考资料使用建议

本课程应根据周建平主编的《汽车电气设备构造与维修》来编写教案讲义。

实践部分的训练借助于丰田汽车维修手册、雪铁龙维修手册等工具书进行实训教学。

主要参考书及参考资料:

《汽车电气设备维修》,机械工业出版社;

《丰田花冠电气维修》,机械工业出版社;

《大众汽车电气维修》,机械工业出版社。

(3)教材编写原则与要求

由于《汽车电气设备诊断与维修》目前还没有与课程实训内容相应配套的维修工作首页，尚需编写相应首页。

①教材编写以本课程标准为依据，应充分体现任务引领课程的设计思想，让学生在完成学习任务的过程中逐步形成职业核心能力；

②应将本专业职业活动，分解成若干典型的工作任务，按完成工作任务的需要和岗位操作规程，结合职业技能证书要求组织教材内容；

③教材(讲义)应图文并茂，提高学生的学习兴趣，表达必须精炼、准确、科学，教材(讲义)需贴近本专业的发展和实际需要，内容应体现先进性、通用性、实用性。

4.2 教学建议

根据项目课程《汽车电气设备诊断与维修》所需材料清单配备设备和场地，并配备知识和技能较高的专职教师和企业技术人员配合教学。让学生感受到学校与企业的零距离。在模块教学中，由于课时所限，所以应给学生课外学习要求、学习方向与实践要求，鼓励学生以积极态度去做，积极提升自己相关能力；如有条件的还可在课外去企业做些真实的实训。

4.3 教学考核评价建议

(1)项目课程成绩考核内容：学生预习情况，实验操作情况，完成实验报告情况，考勤情况，以及遵守实验室规章制度情况。

(2)项目课程考核按照课程标准中考核要求进行考核，项目课程报告考核占10%，项目课程单项考核占20%，项目课程期中考核占30%，项目课程期末考核占40%。考试采用分组现场提问、实际操作的方法进行。

(3)课程成绩采取平时(课堂考勤、课外作业、课内大型作业)与期末课程测试相结合的方法，即课程成绩 = 平时成绩 ×10% + 实操成绩 ×20% + 期中综合实操成绩 ×30% + 期末测试 ×40%。

4.4 课程资源的开发与应用

(1)积极开发和利用校园网络课程资源，充分利用诸如电子书籍、电子期刊、数据库、数字图书馆、教育网站和电子论坛等网上信息资源，使教学手段和教学方法多样化，由此提高学生学习兴趣。

(2)在实操试训过程中，利用虚拟企业、模拟车间、仿真教学环境和仿真教学软件优化教学过程，提高教学质量和效率，结合企业流程完成工作任务。

(3)建立学习资料库，推荐国内与专业有关的网站地址，积极引导与培养学生自主学习、资料查询等能力。

4.5 其他说明

(1)鉴于高职生源的多样性，在实施中要编好小组，宜于取长补短，共同提高。

(2)指导教师在进行示范过程中要适时提供相关资料的索引，让学生自己去查阅，确保按时完成任务。

(3)能力培养要求：着重培养学生的自学能力、动手操作能力和分析问题、解决问题的能力。

(4)主讲教师根据本课程标准制订具体的授课计划。

《汽车发动机电控系统诊断与维修》课程标准

【课程名称】

汽车发动机电控系统诊断与维修

【课程类型】

专业核心课程

【总 学 时】

90 学时(理论:52;实践:38)

【分　　制】

100 分

【适用专业】

汽车运用技术专业

【课程性质】

《汽车发动机电控系统诊断与维修》是汽车运用技术专业面向汽车售后服务岗位进行能力培养的一门专业核心课程。课程在专业的课程设置中纵向起到承上启下的链接与支撑作用,横向又与岗位实际环境、学生职业素养与情感、学生成才志向相对接。通过本课程的学习,学生能够掌握发动机电控各系统的组成和工作原理;培养学生诊断与维修发动机电控系统的能力;使学生能适应现代汽车维修的工作要求。

1 前言

1.1 课程定位

本课程是我院汽车运用技术专业的一门专业核心课程,是专业技能训练和故障诊断能力培训的主要环节,在学生职业能力和职业素质的养成培养方面占有重要地位。本课程的前导课程有《汽车发动机构造与维修》、《汽车底盘构造与维修》和《汽车机械基础》;后续课程有《汽车故障诊断和检测技术》、《汽车电气设备构造与维修》、《汽车电路识图》等。

通过本课程的学习,培养学生具有发动机电控系统的结构分析、拆装、检修以及故障分析、处理的专业知识和专业能力;具备诊断和分析发动机电控系统的能力。同时能够全面培养学生资料的收集检查与判断、合理使用发动机电控系统拆装常用工具、仪器使用的专业技能。在实训方面要有组织协调、语言表达、责任心与职业道德、自我保护、应变能力等综合素质,为学生今后的进一步学习和工作打下坚实基础。

1.2 设计思路

本课程的设计思路是以工作过程为导向,确定与发动机电控系统相关的汽车维修企业工作任务。设计具体工作任务为载体的教学情境,完成一个教学情境,即完成一个工作任务。在完成了工作任务的同时,学生掌握了相关的知识内容,具备了相应的技能,同时全面培养了学生的职业关键能力。

本课程以专业的综合职业能力为核心,通过设计工作任务,在职业行动中获取知识,锻炼专业技能,通过学习发动机电控系统认识,汽油机燃油喷射系统,汽油机电控点火控制系统,汽油机辅助控制系统,汽油机集中控制系统实例,柴油机电控系统,电控发动机的合理使用及维护,常见车型发动机电控系统故障的自诊断,汽油机电控系统常见故障的诊断与排除等内容实现工作过程导向的课程开发。通过以上的知识和案例分析及工作任务来培养学生的专业能力、方法运用能力和社会能力。具体就是通过分析企业的工作内容、工作过程、工作环境和工作评价,按照教学规律进行相应的教学内容、教学方法、教学条件和教学评价的设置,使学生能够获得未来工作所必需的职业能力。

2 课程目标

2.1 总体目标

通过学习情境教学及任务驱动的项目教学活动,重点培养学生“汽车发动机电控系统诊断与维修”的核心职业能力。通过本领域学习,学生能够掌握汽油发动机电控系统基本结构和工作原理,能够进行汽油发动机电控系统的维护、典型故障的诊断与排除、故障部件的拆卸、更换与调试等任务。学习过程注重培养学生爱岗敬业、沟通与协调的职业素质。

2.2 具体目标

(1)知识目标

①掌握发动机电控各系统的组成、作用,理解电控各系统的工作过程;

②掌握发动机电控各系统主要部件的作用、结构;

③理解电控各系统主要部件工作过程;

④理解发动机电控系统简单故障产生的原因和排除思路。

(2)能力目标

①会按技术要求检测和更换发动机电控系统各部件;

②能识读不同车型发动机电控系统电路图;

③能利用检测设备排除发动机电控系统简单故障。

(3)素质目标

①养成诚实、守信、吃苦耐劳的品德;

②养成善于动脑、勤于思考、及时发现问题的学习习惯;

③具有善于与汽车客户沟通和与维修企业工作人员共事的团队意识,能进行良好的团队合作;

④养成爱护设备和检测仪器的良好习惯;

⑤养成安全操作的意识。

3 课程内容与要求

本课程的课程内容与要求,如下表所示。

课程内容及教学要求

序号	学习任务	课程内容及教学要求	活动设计	学时
1	任务一 发动机电控系统认识	①了解电控系统的基本概念; ②了解发动机电控系统的发展过程; ③学习发动机电控系统的功能; ④了解大众电控发动机、丰田电控发动机电控系统认识及演示	活动1:用多媒体教学法,以图片、视频为载体,导读和描述电控发动机组成、功能和发展、电控发动机的结构特点; 活动2:用实物教学法,安排学生在整车上对电控发动机认识并进行对照,让学生熟悉电控发动机组成、功能和发展、电控发动机的结构特点; 注意举升器安全操作	4

续上表

序号	学习任务	课程内容及教学要求	活动设计	学时
2	任务二 汽油机燃油喷射系统	①了解汽油机燃油喷射系统概述； ②学习燃油喷射系统的组成及工作原理； ③学习燃油供给系的主要部件结构、工作原理； ④掌握空气供给系的主要部件结构、工作原理； ⑤掌握控制系统的主要部件结构、工作原理； ⑥了解雪铁龙电控发动机、丰田电控发动机燃油喷射系统的检修	活动1:采用多媒体教学法,讲解汽油机燃油喷射系统概述、组成及工作原理,主要部件结构及工作原理； 活动2:用汽车仿真实训软件,让学生上机练习检测喷油嘴的阻值和信号、喷油量,节气门的阻值、电压、信号,空气流量传感器好坏,电动油泵电路的故障； 活动3:采用实物教学法,安排学生在整车上对电控发动机,用仪器设备进行检测诊断,并填写工单	18
3	任务三 汽油机电控点火控制系统诊断与维修	①了解电控点火系统组成及工作原理； ②学习电控点火系统的控制； ③了解电控点火系统故障诊断方法； ④掌握雪铁龙电控发动机、丰田电控发动机点火控制系统的检修技能； ⑤了解点火系统的更换	活动1:采用多媒体教学法,讲解电控点火系统组成及工作原理； 活动2:用汽车仿真实训软件,让学生上机练习调整点火正时、诊断点火系统故障流程和方法； 活动3:采用实物教学法,安排学生分组在整车上用仪器设备对无分电器点火系和有分电器点火系进行检测,分析 IGT、IGF 波形,并填写工单	14
4	任务四 汽油机辅助控制系统故障诊断与维修	①学习怠速控制系统； ②学习汽油机排放控制系统； ③掌握汽油机进气系统； ④了解故障自诊断功能； ⑤了解失效保护和备用系统； ⑥掌握雪铁龙电控发动机、丰田电控发动机控制系统的检修技能	活动1:采用多媒体教学法,讲解怠速控制系统、汽油机排放控制系统、汽油机进气系统、失效保护和备用系统的组成、零部件结构、工作原理； 活动2:用汽车仿真实训软件,让学生上机练习检测空气流量传感器、进气压力传感器的阻值、电压、信号及汽油机辅助控制系统故障检测方法及流程； 活动3:采用实物教学法,安排学生分组在整车上用仪器设备对无分电器点火系和有分电器点火系进行检测,分析 IGT、IGF 波形,并填写工单； 活动4:采用实物教学法,安排学生分组在整车上查找 OBD - Ⅱ;用解码器诊断排放控制系统的故障;用废气检测仪检测废弃的含量	10
5	任务五 汽油机集中控制系统实例	①了解雪铁龙汽车电控系统； ②了解丰田轿车发动机电控系统； ③ 掌握雪铁龙电控发动机、丰田电控发动机的控制电路分析	活动1:采用多媒体教学法,讲解汽油机集中控制系统的组成、工作原理； 活动2:采用实物教学法,安排学生分组在 TCCS 台上对电控发动机进行检测与诊断并填写工单	4
6	任务六 柴油机电控系统	①了解柴油机电控系统组成及工作原理； ②掌握柴油机电控系统典型系统的结构及工作原理； ③了解捷达柴油机电控系统的结构及工作原理	活动1:采用多媒体教学法,讲解电控柴油发动机的组成、工作原理； 活动2:采用实物教学法,安排学生分组在实验台或整车上对电控柴油发动机进行检测与诊断并填写工单	6

续上表

序号	学习任务	课程内容及教学要求	活动设计	学时
7	任务七 电控发动机的合理使用及维护	①了解电控发动机使用、维修的注意事项； ②掌握电控发动机维护技能； ③了解保养灯归零方法； ④了解丰田电控发动机的维护及保养方法	活动1:采用多媒体教学法，讲解电控发动机的使用、维修的注意事项； 活动2:采用实物教学法，安排学生分组在实验台或整车上学习对电控发动机进行日常维护、保养灯归零方法并填写工单	8
8	任务八 常见车型发动机电控系统故障的自诊断	①学习丰田车系故障码的读取方法； ②学习大众车系故障码的读取方法； ③了解雪铁龙车系故障码诊断法； ④了解丰田车系发动机自诊断方法； ⑤掌握雪铁龙、丰田电控发动机故障码的调出与清除	活动1:采用多媒体教学法，讲解电控发动机的故障码的读取、发动机自诊断、故障诊断方法； 活动2:采用实物教学法，安排学生分组在实验台或整车上学习对丰田车系、大众车系、雪铁龙车系电控发动机利用OBD－Ⅱ对故障码的调出与清除、自诊断系统进行故障诊断，并填写工单	10
9	任务九 汽油机电控系统常见故障的诊断与排除	①了解汽油机电控系统故障诊断的基本方法； ②学习故障诊断与检修的常用工具； ③掌握汽油机电控系统故障诊断仪器； ④了解雪铁龙电控发动机、丰田电控发动机的故障诊断与排除	活动:采用实物教学法，安排学生分组在实验台或整车上学习对丰田车系、大众车系、雪铁龙车系电控发动机使用解码仪及示波器进行故障诊断并填写工单	12
机动				2
考核				2
合计				90

4 实施建议

4.1 教材和参考资料的选用以及教材编写建议

(1)选用教材和参考资料

教材可选择《汽车发动机控制系统维修》(ISBN:9787111287544)，陈木元，机械工业出版社。

参考资料的选用：

①《汽车电控发动机构造与维修》(ISBN：978711409039)来瑞海，人民交通出版社。

②《汽车发动机电子控制技术》(ISBN:9787564039332)付百学，北京理工大学出版社。

③丰田汽车发动机、大众汽车发动机和通用汽车发动机维修手册中的电控系统资料。

(2)教材编写原则与要求

①教材编写以本课程标准为依据，应充分体现任务引领课程的设计思想，让学生在完成学习任务的过程中逐步提高职业能力。

②应将本专业职业活动，分解成若干典型的工作任务，按完成工作任务的需要和岗位操作规程，结合职业技能证书要求组织教材内容。

③教材(讲义)应图文并茂,提高学生的学习兴趣,表达必须精炼、准确、科学,教材(讲义)需贴近本专业的发展和实际需要,内容应体现先进性、通用性、实用性。

(3)教材、教学参考资料使用建议

由于汽车技术与汽车维修标准往往会更新,所以在参考资料选择时,应该注意采用新标准的参考资料。

4.2　教学建议

①在教学过程中,应立足于加强学生实际操作能力的培养,采用项目教学,以工作任务引领提高学生学习兴趣。

②本课程教学的关键是现场教学,应选用典型车型为载体,在教学过程中,教师示范和学生分组讨论、训练互动,学生提问与教师解答、指导有机结合。

③紧密结合职业技能证书的考证,加强考证的实际操作项目的训练,在实际操作过程中,使学生掌握发动机电控系统的检测,提高学生的岗位适应能力。

④重视本专业领域新技术、新工艺、新材料发展趋势,贴近生产实际;应用多媒体、投影等教学资源辅助教学,加深学生对课程知识的理解和掌握。

4.3　教学考核评价建议

(1)考核方式

①考核内容:学生预习情况,实验操作情况,完成实验报告情况,考勤情况,以及遵守实验室规章制度情况。

②学生完成项目报告的要求:报告必须工整、实事求是、有分析和见解。报告的内容包括:项目、教学目标、教学设施、项目教学过程、问题讨论、总结等。

(2)成绩评定

提问、作业、平时表现占总成绩的20%;期中考核成绩占总成绩的40%;期末综合考核占总成绩的40%。任课教师将学生单元训练项目完成情况进行详细记录并进行评定,学期末发布评定成绩。

4.4　课程资源的开发与利用

(1)注重实训指导书和实训教材的开发和应用。

(2)注重课程资源和现代化教学资源的开发和利用,建立多媒体课程资源数据库,努力实现学校多媒体资源共享,以提高课程资源利用效率,激发学生的学习兴趣,促进学生对知识的理解和掌握。

(3)积极开发和利用网络资源,充分利用电子书籍、电子期刊和数据库信息资源,使教学从单一媒体向多种媒体转变;教学活动从信息的单向传递向双向交换转变;学生单独学习向合作学生转变。

(4)产学合作开发实训课程资源,充分利用校内外实训基地,进行产学合作,实践"工学"交替,满足学生的实习、实训需求。

4.5　其他说明

(1)鉴于高职生源的多样性,在实施中要编好小组,宜于取长补短,共同提高。

(2)指导教师在进行检测时要适时提供相关资料的索引,让学生自己去查阅,确保按时完成任务。

(3)实训中要突出规范遵循,力求故障诊断程序完整、清晰。

《汽车车身电气及附属设备诊断与维修》课程标准

【课程名称】

汽车车身电气及附属设备诊断与维修

【课程类型】

专业核心课程

【总 学 时】

60 学时（理论:32;实践:28）

【分　　制】

100 分

【适用专业】

汽车运用技术专业

【课程性质】

本课程是汽车运用技术专业的一门专业核心课程,是一门基于工作过程的课程。课程突出能力培养目标,以任务课程内容为载体,融知识、理论、实践于一体组织教学,培养学生职业核心能力。

课程围绕汽车车身附属电控系统的诊断、检测、维修,结合实际的需求,按照"工学结合"的思想组织教学内容,为培养高技能汽车电气检测、汽车机电维修技术人才打下坚实的基础。

1 前言

1.1 课程定位

《汽车车身电气及附属设备诊断与维修》是汽车运用技术专业的核心课程之一,在第三学期开设。该课程以项目教学为载体,教、学、做一体,采用"做中学、学中做"的教学模式,主要讲解汽车空调系统检测与维修;电动门窗、门锁、后视镜、座椅检测与维修;防盗电路检测与维修;安全气囊检测与维修;音响安装等,为今后在汽车电气维修行业中夯实基础,培养学生对于车身电气及附属设备的诊断与维修能力。

1.2 设计思路

该课程是依据汽车运用技术专业人才培养方案中的工作任务与职业能力分析表来设计的,课程可分为八个汽车车身附属设备维修任务,构成了阶次培养职业能力的多个学习领域。各学习领域在知识的难易程度上由浅入深,用以满足专业群不同职业方向与能力培养的要求。

《汽车车身电气及附属设备诊断与维修》课程,以诊断与维修为线索来进行,并最终达到掌握电气设备诊断技能的目标。在教学过程中,按照教学规程,学习任务一:电动门窗故障诊断,本教学过程中主要以门窗电路控制为重点;任务二:门锁故障诊断,主要讲解门锁结构与检测;任务三:后视镜故障诊断,主要讲解后视镜电路控制原理及开关的检测内容;任务四:电动座椅故障检测,主要讲解座椅电路控制及故障诊断;任务五:空调系统故障检测,主要讲解空调制冷系统结构及故障检测；任务六：电子仪表系统故障检测，主要讲解电子仪表工作原理及仪表总成拆装等；任务七：舒适系统故障维修与检测，主要讲解安全气囊、电动悬架和助理转向；任务八：通信与智能化系统故障诊断。通过以上学习，必须全面掌握对车身电气附属设备的维修知识和操作技能。

2 课程目标

2.1 总体目标

通过任务引领的项目活动，学生能够掌握对车身电气设备的诊断理论知识和操作技能，会正确使用诊断仪器、查找维修手册和技术资料，完成工作任务。

2.2 具体目标

(1)知识目标

①掌握电动门窗控制原理；

②掌握电动门锁控制原理；

③掌握电动后视镜控制原理；

④掌握电动座椅控制原理；

⑤掌握空调系统工作原理；

⑥掌握电子仪表工作原理；

⑦掌握安全舒适系统工作原理；

⑧掌握通信与智能化系统控制原理。

(2)能力目标

①会使用拆装工具。掌握正确拆装汽车空调制冷系统，能对汽车空调制冷系统进行检测与维修；

②会使用拆装工具，能按标准拆装采暖和通风设备，能维修汽车采暖和通风故障；

③会使用工具、检测仪器等，掌握正确拆装、检测电动门窗、中央门锁、电动后视镜、电动座椅装置，用仪器检测电路故障；

④会使用工具、仪器检测电子仪表系统的故障，并对故障进行诊断与排除；

⑤会拆装、检测安全气囊、防盗系统、汽车网络及串行数据传输的 CAN 系统的故障诊断排除方法；

⑥能够正确检测车载网络控制系统的故障。

(3)素质目标

①善于合作，共同完成任务，培养合作精神；

②具备良好的职业道德和专业思想；

③持续学习，具有对知识分析、归纳、总结、综合的思维能力以及知识的迁移能力，不断更新和跟踪检测技术知识，能与时俱进；

④能够将所学专业知识应用到实践中去，用知识来分析和判断以及处理问题的能力；

⑤学会搜集、处理、运用社会信息的方法和技能。

3 课程内容与要求

本课程的课程内容与要求，如下表所示。

课程内容及教学要求

序号	学习任务	课程内容及教学要求	活动设计	学时
1	任务一 诊断与修复汽车电动车窗系统	知识能力： ①汽车电动门窗电路控制原理； ②门窗总开关和乘客开关控制过程； ③电动门窗传动装置工作过程 操作能力： ①能根据维修工单收集信息，制订作业计划； ②能全面地分析汽车电动车窗系统故障，确定故障的基本部位，并能有效排除； ③检测电动门窗总开关、乘客开关好坏； ④检测电动门窗电机好坏； ⑤养成工作安全和事故防护的习惯； ⑥能按规定正确选择、使用材料 素质能力： ①具有安全意识； ②具备团队合作精神； ③备有动手和口头表达能力	活动1：用多媒体教学法，以图片、视频为载体，导读和描述汽车电动门窗电路控制原理； 活动2：用实物教学法，安排学生分组在实验台或整车上检测电动门窗总开关、乘客开关好坏，检测电动门窗电机好坏； 活动3：采用案例教学和分组讨论法，分析汽车电动车窗系统故障，确定故障的基本部位，并排除故障	8
2	任务二 诊断与修复汽车电动后视镜系统	知识能力： ①了解汽车电动后视镜电路控制原理； ②了解后视镜开关控制过程； ③了解后视镜传动装置工作过程 操作能力： ①能根据维修工单收集信息，制订作业计划； ②能全面地分析汽车电动后视镜系统故障，确定故障的基本部位，并能排除故障； ③检测电动后视镜控制开关好坏； ④检测电动后视镜电机好坏； ⑤养成工作安全和事故防护的习惯； ⑥能按规定正确选择、使用材料 素质能力： ①具有安全意识； ②具备团队合作精神； ③具有动手和口头表达能力	活动1：用多媒体教学法，以图片、视频为载体，导读和描述汽车电动后视镜系统电路控制原理； 活动2：用实物教学法，安排学生分组在实验台或整车上检测电动后视镜控制开关好坏，检测电动后视镜电机好坏； 活动3：采用案例教学和分组讨论法，分析汽车电动后视镜系统故障，确定故障的基本部位，并排除故障	6
3	任务三 诊断与修复汽车电动门锁系统	知识能力： ①汽车电动门锁电路控制原理； ②门锁总开关和乘客开关控制过程； ③电动门锁控制单元工作过程； ④防盗报警系统的结构及工作原理 操作能力： ①能根据维修工单收集信息，制订作业计划； ②能全面地分析汽车电动门锁电路故障，确定故障的基本部位，并能排除故障； ③会检测门锁控制开关好坏； ④会检测门锁电机好坏； ⑤养成工作安全和事故防护的习惯； ⑥能按规定正确选择、使用材料； ⑦掌握防盗报警系统的检测与维修方法 素质能力： ①具有安全意识； ②具备团队合作精神； ③具有动手和口头表达能力	活动1：用多媒体教学法，以图片、视频为载体，导读和描述汽车电动门锁系统电路控制原理、防盗报警系统的结构及工作原理； 活动2：用实物教学法，安排学生分组在实验台或整车上检测门锁控制开关好坏、检测门锁电机好坏； 活动3：采用案例教学和分组讨论法，分析汽车电动门锁系统故障，确定故障的基本部位，并排除故障	6

续上表

<table>
<tr><th>序号</th><th>学习任务</th><th>课程内容及教学要求</th><th>活 动 设 计</th><th>学时</th></tr>
<tr><td rowspan="3">4</td><td rowspan="3">任务四
诊断与修复汽车电动座椅系统</td><td>知识能力：
①汽车电动座椅电路控制原理；
②汽车自动座椅控制电路工作原理</td><td rowspan="3">活动 1：用多媒体教学法，以图片、视频为载体，导读和描述汽车电动座椅电路控制原理；
活动 2：用实物教学法，安排学生分组在实验台或整车上检测电动座椅控制开关好坏、检测电动座椅电机好坏；
活动 3：采用案例教学和分组讨论法，分析汽车电动座椅系统故障，确定故障的基本部位，并排除故障</td><td rowspan="3">4</td></tr>
<tr><td>操作能力：
①能根据维修工单收集信息，制订作业计划；
②能全面地分析汽车电动座椅电路故障，确定故障的基本部位，并能排除故障；
③会检测电动座椅控制开关好坏；
④会检测电动座椅电机好坏；
⑤养成工作安全和事故防护的习惯；
⑥能按规定正确选择、使用材料</td></tr>
<tr><td>素质能力：
①具有安全意识；
②具备团队合作精神；
③具有动手和口头表达能力</td></tr>
<tr><td rowspan="3">5</td><td rowspan="3">任务五
汽车空调系统维修与检测</td><td>知识能力：
①汽车空调工作原理；
②汽车暖风系统工作原理；
③汽车制冷系统工作原理；
④汽车制冷系统各部件工作原理；
⑤汽车空调电路控制原理</td><td rowspan="3">活动 1：用多媒体教学法，以图片、视频为载体，导读和描述汽车空调工作原理和控制原理；
活动 2：用实物教学法，安排学生分组在实验台或整车上练习加注空调制冷剂的操作方法、抽空操作方法；
活动 3：采用案例教学和分组讨论法，分析汽车空调不制冷、制冷过弱、无暖风等故障，确定故障的基本部位，并能排除故障</td><td rowspan="3">10</td></tr>
<tr><td>操作能力：
①能根据维修工单收集信息，制订作业计划；
②能全面地分析汽车空调不制冷、制冷过弱、无暖风等故障，确定故障的基本部位，并能排除故障；
③能进行汽车空调暖风故障诊断与排除；
④能进行汽车空调制冷系统故障诊断与排除；
⑤实习加注汽车空调制冷剂的操作方法；
⑥实习抽空操作方法；
⑦通过高低压表检测出空调故障现象；
⑧学会汽车空调控制电路检测方法；
⑨能全面地分析汽车空调控制电路、汽车空调制冷系统故障，确定故障的基本部位，并能排除故障；
⑩养成工作安全和事故防护的习惯；
⑪能按规定正确选择、使用材料</td></tr>
<tr><td>素质能力：
①具有安全意识；
②具备团队合作精神；
③具有动手和口头表达能力</td></tr>
</table>

续上表

序号	学习任务	课程内容及教学要求	活动设计	学时
6	任务六 电子仪表与中央信息显示系统的故障检测诊断与修复	知识能力： ①汽车电子仪表工作原理； ②汽车电子各仪表结构	活动1：用多媒体教学法，以图片、视频为载体，导读和描述汽车电子仪表工作原理、各仪表结构； 活动2：用实物教学法，安排学生分组在实验台或整车上电子仪表的检测； 活动3：采用案例教学和分组讨论法，分析电子仪表的故障，确定故障的基本部位，并能排除故障	6
		操作能力： ①能根据维修工单收集信息，制订作业计划； ②学会数字显示器的原理； ③掌握LED数字显示器、液晶显示器工作原理； ④掌握数字仪表的结构和工作原理； ⑤了解电子仪表板、车速表、里程表、转速表、电子燃油表的组成和原理； ⑥学会电子仪表的检测，以及仪表读数始终高、仪表读数不准的检测； ⑦了解中央信息显示系统的组成及原理； ⑧养成工作安全和事故防护的习惯； ⑨能按规定正确选择、使用材料		
		素质能力： ①具有安全意识； ②具备团队合作精神； ③具有动手和口头表达能力		
7	任务七 电控安全系统故障检测诊断与修复	知识能力： ①安全气囊工作原理； ②安全气囊传感器结构及工作原理； ③雷达防撞系统的结构及工作原理	活动1：用多媒体教学法，以图片、视频为载体，导读和描述电控安全系统工作原理和控制原理； 活动2：用实物教学法，安排学生分组在实验台或整车上练习电控安全气囊、电控安全带、雷达防撞系统的检测与维修； 活动3：采用案例教学和分组讨论法，分析电控安全气囊、电控安全带、雷达防撞系统等的故障，确定故障的基本部位，并能排除故障	6
		操作能力： ①能根据维修工单收集信息，制订作业计划； ②学会电控安全气囊的检测与维修； ③学会电控安全带的维修； ④雷达防撞系统检测与维修； ⑤养成工作安全和事故防护的习惯； ⑥能按规定正确选择、使用材料； ⑦按照维修手册操作规程制订检修计划		
		素质能力： ①具有安全意识； ②具备团队合作精神； ③具有动手和口头表达能力		

续上表

序号	学习任务	课程内容及教学要求	活动设计	学时
8	任务八 通信与智能化系统的故障诊断与修复	知识能力： ①卫星导航与定位系统组成与工作原理； ②车身计算机网络系统组成与工作原理； ③智能汽车与自动化高速公路系统的组成与工作原理 操作能力： ①卫星导航与定位系统检测与维修； ②能根据维修工单，收集信息，制订作业计划； ③学会车身计算机网络系统的检测与维修； ④学会智能汽车与自动化高速公路系统的检测与维修； ⑤养成工作安全和事故防护的习惯； ⑥能按规定正确选择、使用材料； ⑦按照维修手册操作规程制订检修计划 素质能力： ①具有安全意识； ②具备团队合作精神； ③具有动手和口头表达能力	活动1：用多媒体教学法，以图片、视频为载体，导读和描述通信与智能化系统工作原理； 活动2：用实物教学法，安排学生分组在实验台或整车上卫星导航与定位系统、智能汽车与自动化高速公路系统的检测与维修； 活动3：采用案例教学和分组讨论法，分析卫星导航与定位系统、智能汽车与自动化高速公路系统的故障，确定故障的基本部位，并能排除故障	10
机动				2
考核				2
合计				60

4 实施建议

4.1 教材选用和编写建议

(1)教材选用

本课程教材采用人民交通出版社出版的高等职业教育汽车机电维修专业规划教材，即由杨智勇、单立新主编的《汽车车身电气控制系统检查与维修》。

实践部分的训练采用丰田汽车维修手册、雪铁龙汽车维修手册进行实训教学。

(2)教材编写原则与要求

由于汽车车身附属设备发展较快，在教学过程中需要参考大量资料，尚需编写相应首页。

①教材编写以本课程标准为依据，应充分体现当今车身电气发展为设计思想，让学生在学习过程中逐步提高新的知识能力；

②应将本专业职业活动，分解成若干典型的工作任务，按完成工作任务的需要和岗位操作规程，结合职业技能证书要求组织教材内容；

③教材(讲义)应图文并茂，提高学生的学习兴趣，表达必须精炼、准确、科学；教材(讲义)需贴近本专业的发展和实际需要，内容应体现先进性、通用性、实用性。

(3)教材、教学参考资料使用建议

由于《汽车车身附属设备检测与维修》标准更新较快，在选用参考资料时，应该注意采用新标准的参考资料。

主要参考书及参考资料：

《汽车车身电气附属设备系统维修》，机械工业出版社；

《丰田花冠车身电气维修》，机械工业出版社；

《大众汽车车身电气维修》，机械工业出版社。

4.2　教学建议

在教学当中按课程标准的八个项目来进行教学，根据不同车型、设备、场地，分组进行教学，由技能较高的专职教师或企业技术人员配合教学，让学生感受到学校与企业的零距离。在模块教学中，由于课时所限，所以应给学生课外学习要求，学习方向与实践要求，鼓励学生以积极态度去做，积极提升自己相关能力；如有条件的还可在课外去企业做些真实的实训。

4.3　教学考核评价建议

(1)项目课程成绩考核内容：学生预习情况，实验操作情况，完成实验报告情况，考勤情况，以及遵守实验室规章制度情况。

(2)项目课程考核按照课程标准中考核要求进行考核，项目课程作业、报告考核占20%，项目课程单项考核占20%，项目课程综合考核占20%，项目课程期末考核占40%。考核采用分组现场提问、实际操作的方法进行。

(3)项目课程考核点分为：学习能力、思维应用拓展能力、团队协作能力、吃苦耐劳能力、回答问题能力；操作过程：故障检测、诊断、拆卸、装配和调试的方法与步骤、安全文明生产。

(4)学生完成项目课程报告的要求：报告必须工整、实事求是、有分析和见解。报告的内容包括：项目、教学目标、教学设施、项目教学过程、问题讨论、总结等。

4.4　其他说明

(1)鉴于高职生源的多样性，在实施中要编好班组，宜于取长补短，共同提高。

(2)指导教师在进行测绘时要适时提供相关资料的索引，让学生自己去查阅，确保按时完成任务。

(3)实训中要突出规范遵循，力求图样完整、清晰。

(4)本课程只能对学生的汽车车身电子控制电路故障检测能力打下一定的基础，在后续课程、毕业设计中尚需继续培养和提高。

三、专业拓展课程标准

《汽车维修企业管理》课程标准

【课程名称】

汽车维修企业管理

【课程类型】

专业拓展课程

【总 学 时】

34 学时(理论:30;实践:4)

【分　　制】

100 分

【适用专业】

汽车运用技术专业

【课程性质】

《汽车维修企业管理》课程是汽车运用技术专业的拓展课之一,是以汽车维修企业生产管理、企业质量管理、企业物资管理、企业人力资源管理等为内容的专业课程。本课程主要培养学生具备运用企业管理的基本知识、工具、方法和程序进行管理实践,提高分析问题和解决问题的能力。

1　前言

1.1　课程定位

《汽车维修企业管理》课程属于汽车运用技术专业的专业拓展课之一,对引导学生初步养成管理思维模式、掌握一定管理方法具有基础性作用。该课程培养学生在掌握汽车检测维修技术和技能的基础上,了解汽车维修企业相关的企业管理知识;通过汽车维修企业生产管理、企业质量管理、企业物资管理、企业人力资源管理等内容学习,将学生培养成为一个懂管理的技术人员,也为学生学习后续相关专业课提供必要的预备知识。

本课程前导课程是《汽车机械识图》、《汽车机械基础》、《汽车文化》、《汽车电工与电子技术》等课程;后续课程有《汽车底盘电控系统诊断与维修》、《汽车故障诊断与检测技术》、《汽车电路识图》等。

1.2　设计思路

本课程的设计思路为:以学生为中心,以理论教学为辅,模拟实践为主,引导学生树立立足现实的思想观念,突出“强化应用、培养学生以汽车维修企业的组织管理为教学重点”的原则,体现职业教育的特色，强化能力的培养，讲解的实例帮助学生由浅入深地学习。

本课程共分为6个学习任务。理论讲授主要通过案例分析、管理寓言、现场观摩、讨论等方法，吸引学生的注意力，启发学生开动脑筋。同时，注重实践教学环节，让学生带着任务参与到教师的课堂教学中去，在学习过程中设置与企业一致的工作环境、工作步骤和要求，并组织学生到合作企业现场教学，使学生进一步理解管理理论、掌握管理方法。

2 课程目标

2.1 总体目标

通过《汽车维修企业管理》课程的教学，学生能够了解和掌握汽车维修企业管理的基本思想和基本技巧，培养学生企业管理、经营服务的基本能力，具备生产过程管理、安全生产管理、质量管理、组织人事管理的综合管理技能与素质，培养现代管理理念，树立终身学习和管理创新的思想观念，懂得运用企业管理的基本知识、工具、方法和程序进行管理实践，提高分析问题和解决问题的能力，使学生成为“懂管理的技术人员”和“懂技术的管理人员”。

2.2 具体目标

(1)能力目标

①能够清楚企业开业、注册、变更、年审等工作；

②能够进行设备及车辆管理；

③能够进行企业生产管理；

④能够清楚企业的物资、人力资源和质量等管理制度和工作。

(2)知识目标

①了解企业的生产管理；

②了解企业的技术管理；

③掌握企业物资定额制定与质量管理体系及管理方法；

④懂得维修合同管理和签订；

⑤了解企业物资和设备管理制度和方法；

⑥了解企业人力资源管理制度和方法。

(3)素质目标

①树立科学的管理理念；

②综合运用管理知识对实际问题进行分析，解决一般汽车维修企业管理的问题；

③具有良好的职业道德，具有好学上进、乐观自信的人生态度。

3 课程内容与要求

本课程的课程内容与要求，如表1所示。

课程内容与教学要求　　　表1

<table>
<tr><th>序号</th><th>学习任务</th><th>课程内容与教学要求</th><th>活动设计</th><th>参考学时</th></tr>
<tr><td>1</td><td>任务一
汽车维修企业概述</td><td>理解汽车维修企业及其类型；熟悉企业开业条件；了解汽车维修企业筹建程序；能进行企业前期可行性分析；熟悉企业注册的相关程序和要求</td><td rowspan="8">①授课过程中穿插精选案例，把理论讲授、案例教学、专题讨论和情境教学等不同方法科学地组合，以达到较理想的教学效果；
②采用多媒体教学手段，开发、制作课程完整的教学课件，运用电脑、VCD光碟、FIASH动画等多种手段进行教学，提高教学效率，激发学生学习兴趣，掌握课程内容；
③学生分组讨论，教师进行点评，采用自我评价和小组评价结合的方式，进行综合考评</td><td>4</td></tr>
<tr><td rowspan="2">2</td><td rowspan="2">任务二
汽车维修企业生产管理</td><td>了解维修生产计划编制方法；正确进行生产调度，熟悉安全管理规范；理解生产劳动管理方法，能够按照维修业务核心流程进行维修服务；了解维修生产管理模式，能够熟悉维修收费管理措施；掌握收费标准并收费计算</td><td>4</td></tr>
<tr><td>熟悉工时定额的编制原则并能制定定额；能进行维修时间的合理控制；能够做好“5s”管理</td><td>2</td></tr>
<tr><td rowspan="2">3</td><td rowspan="2">任务三
汽车维修企业质量管理</td><td>掌握全面质量管理方法；正确进行汽车维修质量检验</td><td>6</td></tr>
<tr><td>了解行业质量监督办法；熟悉ISO9000质量体系</td><td>2</td></tr>
<tr><td>4</td><td>任务四
汽车维修企业合同管理</td><td>掌握合同的签订程序和内容；熟悉合同的履行义务及其变更和解除程序；了解合同的管理机构和职责；了解合同纠纷的处理办法</td><td>2</td></tr>
<tr><td>5</td><td>任务五
汽车维修企业物资与设备管理</td><td>了解汽车维修企业的物资与设备种类；掌握物资定额制定与管理；掌握库存管理方法；掌握设备管理事务；理解固定资产折旧方法</td><td>6</td></tr>
<tr><td>6</td><td>任务六
汽车维修企业人力资源管理</td><td>了解企业人力资源管理制度；能够进行企业岗位分析，制订企业人力资源规划；理解企业员工的培训制度和内容；能够进行企业员工绩效考核</td><td>4</td></tr>
<tr><td colspan="4">机动</td><td>2</td></tr>
<tr><td colspan="4">考核</td><td>2</td></tr>
<tr><td colspan="4">合计</td><td>34</td></tr>
</table>

4　实施建议

4.1　教材选用和编写建议

（1）教材选用

本课程主要教材暂用机械工业出版社出版，由王一斐、陈翔编写的《汽车维修企业管理》（ISBN：9787111392200）。该教材经过使用和修订再版，一致反映是一本优秀的国家级规划教材（高职高专教育）。

(2)教材、教学参考资料使用建议

注重引进国外前沿理论,同时在管理案例资料选择时,应该注意采用我国改革的新鲜经验及具有代表性的案例,体现教学内容的全面性、实用性。

主要参考书及参考资料:

①王一斐.汽车维修企业管理[M].北京:机械工业出版社,2008;
②胡建军.汽车维修企业创新管理[M].北京:机械工业出版社,2008;
③李琪文.现代汽车维修企业管理实务[M].北京:机械工业出版社,2008;
④刘焰,田兴强.汽车维修企业管理基础[M].北京:人民交通出版社,2012;
⑤沈树盛,安国庆.汽车维修企业管理[M].北京:人民交通出版社,2008。

4.2 教学考核评价建议

本课程教学考核评价主要考察学生的理论知识和分析问题、解决问题的能力。建立过程考核(任务考核)与期末考核(课程考核)相结合的方式,过程考核占50%,期末考核50%。此种考核方式有利于引导学生端正学习态度,注重学用结合,重视能力提高及创新意识培养,避免学生期末搞突击、应付考试的弊端,克服高分低能的"应试教育"倾向。课程教学考核评价,如表2所示。

课程教学考核评价 表2

考核方式	过程考核(50分)			期末考核(50分)
	素质考核(10分)	讨论考核(20分)	作业考核(20分)	
实施方法	教师评价+小组评价	教师评价+小组评价	教师评价	试卷或撰写论文等
考核标准	安全、纪律、出勤等	参与讨论5分;发言情况8分;小结7分	按时提交作业10分;作业质量10分	

4.3 课程资源的开发与利用

(1)教材方面:采用高职高专规划教材,并及时加入新的管理理念和一线企业的最新案例。

(2)教学方面:通过案例教学,引导学生进行分析讨论,锻炼学生分析问题、解决问题的能力;指导学生开展实践管理分析训练,领悟科学管理规律,提高企业管理的能力。

(3)建立课程配套案例库。

(4)扩充性资料,包括课程参考资料库、多媒体课件等。

《汽车运行材料》课程标准

【课程名称】

汽车运行材料

【课程类型】

专业拓展课程

【总 学 时】

30 学时(理论:22;实践:8)

【分　　制】

100 分

【适用专业】

汽车运用技术专业

【课程性质】

《汽车运行材料》是汽车运用技术专业的一门专业拓展课程,是关于车用燃料,发动机油的质量分类和性能指标,以及汽车工作液的性能指标等方面的知识和技术的一门专业课程。

1　前言

1.1　课程定位

《汽车运行材料》是汽车运用技术专业的一门专业拓展课程;本课程涉及了汽车运行材料的种类、牌号和规格等多方面知识。该课程的教学,能使学生掌握车用燃料,发动机油的质量分类和性能指标;熟悉燃料油和发动机油的常用理化指标改善的方法;了解润滑脂的组成,以及熟悉汽车工作液的性能指标。最终能合理地选用、管理以及节约汽车运行成本。该课程是汽车类汽车运用技术专业的一门必修课程。

先修课程有:《汽车机械基础》、《汽车机械识图》、《汽车发动机机械系统诊断与维修》、《汽车底盘机械系统诊断与维修》;后续课程有《汽车底盘电控系统诊断与维修》、《汽车故障诊断与检测技术》、《汽车专业英语》等其他各类专业课。

1.2　设计思路

本课程设置依据是汽车后市场类各专业典型工作岗位和工作任务对职业能力和知识的要求。本课程内容选取汽车运用技术专业应具备的基础知识和基本技能。在简单介绍石油的组成、勘探、开采和炼制过程之后,重点阐述和讲授车用汽油、车用柴油、发动机润滑油、车辆齿轮油、车用传动油(液力传动油和液压传动油)、车用润滑脂、汽车制动液、车用发动机冷却液、汽车轮胎等汽车运行材料的使用性能指标、规格型号和正确选择、使用等基础知识,对车用替代燃料、车用特种工作液等内容也作了充分的介绍。

本课程改革了传统的课程体系的内容,贴近工作实际,贯彻先进的教学理念,以服务于汽车后市场为主线,相关知识为支撑,落实"管用、够用、适用"的教学指导思想,以汽车维修所需汽车运行材料知识为切入点,提高学习兴趣。紧紧围绕完成工作任务的需要来选择课程内容;变知识学科本位为职业能力本位,打破传统的以"了解"、"掌握"为特征设定的学科型课程目标，从“任务与职业能力”分析出发，设定职业能力培养目标；变书本知识的传授为完成工作任务的培养，打破传统的知识传授方式，以“工作项目”为主线，创设工作情境，结合职业技能证书考证，培养学生的实践动手能力。

2 课程目标

2.1 总体目标

《汽车运行材料》要求学生掌握汽车汽(柴)油、发动机润滑油、发动机冷却液、自动变速器油等汽车运行材料的使用性能；培养学生在工作岗位中正确使用汽车运行材料的能力。

2.2 具体目标

(1)知识目标

①熟悉汽车运行材料的种类、牌号和规格；

②掌握汽车运行材料常规理化指标及测试方法；

③掌握各类运行材料的性能、用途及用法。

(2)能力目标

①能够正确辨认汽车运行材料的种类、牌号和规格；

②能够判断各种汽车运行材料的质量、性能下降后的更换时刻，做到视情更换，节约成本；

③正确应用常规测量手段，测试车用燃料、发动机油、齿轮油和润滑脂的常规理化指标；

④能根据汽车运行工况，了解汽车工作液的性能；

⑤能根据不同品牌汽车，选用不同牌号和性能的运行材料；

⑥能够依据企业的需求，编制汽车运行材料的购置计划。

(3)素质目标

①能自主学习新知识、新技术；

②能够通过各种媒体资源查找所需信息；

③能够养成善于观察、独立思考的学习习惯；

④具有小组团结、协作精神；

⑤具有良好的心理素质和克服困难的能力。

3 课程内容与要求

本课程的课程内容与要求，如下表所示。

课程内容及教学要求

序号	学习任务	课程内容与教学要求	活动设计	参考学时
1	任务一 石油的基本知识	①了解石油的化学组成； ②熟悉各种烃类的特点； ③掌握石油炼制的过程，明确各种馏分的馏出温度范围	①利用多媒体视频、图片、动画等讲解石油的化学组成、炼制过程； ②学生进行分组讨论，明确各种馏分的馏出温度，培养学生自主学习的能力	2
2	任务二 车用汽油	①正确理解车用汽油爆燃原因，能够分析车用汽油爆燃原因； ②讨论改善汽油抗爆性的方法； ③了解汽油各牌号的意义，能说出汽油各牌号的使用方法	①利用多媒体视频、图片、动画等讲解车用汽油的化学特性； ②学生进行分组讨论，明确汽油各牌号的意义，掌握汽油各牌号的使用方法及注意事项	2 2

续上表

序号	学习任务	课程内容与教学要求	活动设计	参考学时
3	任务三 车用轻柴油	①熟悉柴油的十六烷值、低温流动性; ②能说出柴油各牌号的意义; ③掌握轻柴油的规格及选用	①利用多媒体视频、图片、动画等讲解车用轻柴油的化学特性; ②学生进行分组讨论,明确车用轻柴油各牌号的意义,掌握柴油各牌号的使用方法及注意事项	2
4	任务四 汽车新能源	①掌握汽车新能源的使用条件; ②掌握汽车新能源的特点及应用	利用多媒体视频、图片、动画等讲解汽车新能源的化学特性及使用条件	2
5	任务五 发动机润滑油、汽车润滑脂	①掌握发动机润滑油的使用性能及使用性能的评定; ②掌握发动机润滑油的分类; ③熟悉发动机润滑油的规格和选用; ④掌握发动机润滑脂的使用性能、分类、规格	①利用多媒体视频、图片、动画等讲解发动机润滑油的分类、化学特性、规格及选用; ②学生进行分组讨论,明确车用轻柴油各牌号的意义,掌握柴油各牌号的使用方法及注意事项; ③采用现场教学方法,通过实训环节加深学生对知识的掌握	4
6	任务六 车辆齿轮油	①掌握车辆齿轮油的使用性能、分类、规格; ②掌握车辆齿轮油的使用级别及黏度级别的选用	①利用多媒体视频、图片、动画等讲解车用齿轮油的分类、化学特性、规格及选用; ②学生进行分组讨论,明确车用齿轮油各牌号的意义	2
7	任务七 汽车制动液、汽车液力传动油	①掌握汽车制动液使用性能; ②掌握汽车制动液规格和选用汽车制动液的方法; ③掌握液力传动油的使用性能、规格及选择; ④了解液力传动油的多种功能	①利用多媒体视频、图片、动画等讲解汽车制动液、液力传动油的使用性能、规格及选用; ②采用现场教学方法,让学生通过实训环节加深学生对知识的掌握	2
8	任务八 汽车自动变速器油	①了解汽车自动变速器油的作用; ②掌握自动变速器油的使用性能、规格和选用	①利用多媒体视频、图片、动画等讲解自动变速器油的分类、化学特性、规格及选用; ②学生进行分组讨论,明确车用轻柴油各牌号的意义,掌握柴油各牌号的使用方法及注意事项; ③采用现场教学方法,让学生对自动变速器油有感性认识,加深学生对知识的掌握	4
9	任务九 汽车其他工作液	①掌握汽车发动机冷却液、空调用制冷液、风窗玻璃洗涤液、铅酸蓄电池用电解液、减振器液、防冻液等的作用; ②掌握各类工作液的性能指标;熟悉它们的使用	①利用多媒体视频、图片、动画等讲解发动机冷却液、空调制冷液、玻璃洗涤液等汽车工作液的分类、化学特性、规格及选用; ②学生进行分组讨论,明确汽车各类工作液的性能指标,掌握柴油各牌号的使用方法及注意事项	2
10	任务十 汽车轮胎	掌握汽车轮胎的构造、分类与规格	①利用多媒体视频、图片、动画等讲解汽车轮胎的构造、分类、规格及选用; ②采用现场教学方法,通过实训环节加深学生对知识的掌握	2
机动				2
考核				2
合计				30

4　实施建议

4.1　教材选用和教学参考资料使用建议

本课程选用国家高职高专规划教材。目前选用教材:《汽车运行材料》(ISBN: 978-7-301-13583-9),由凌永成、李美华主编,北京大学出版社出版。

本教材内容充实,教学内容能够与本专业发展相联系,可以满足教学需要,学院不需要另外编写教材。

参考书:

《汽车运行材料》,孙凤英、强添纲,人民交通出版社,2012.2;

《汽车运行材料》,戴汝泉,机械工业出版社,2012.1;

《汽车运行材料》,郎全栋、董元虎,人民交通出版社,2009.8;

《汽车运行材料》,胡海玲,中国铁道出版社,2011.6。

4.2　教学建议

(1)在教学过程中,理论联系实际,以工作任务引领提高学生学习兴趣,激发学生的成就动机。

(2)在本课程的学习过程中,学生应重点掌握汽车各类运行材料的性能和使用方法。在教学过程中,教师用实际案例深入浅出地阐述汽车各类运行材料的性能和特点。学生提问与教师解答、指导有机结合,让学生在"教"与"学"过程中,掌握汽车运行材料的使用方法,尤其是在使用各类汽车运行材料时的注意事项。

(3)在教学过程中,要应用多媒体、投影等教学资源辅助教学,帮助学生熟悉汽车运行材料知识。

(4)在教学过程中,教学内容注重贴近企业、贴近生产,如汽车各类运行材料在实际使用过程中常见的问题和注意事项等实际案例的收集和整理,对教学内容进行良好的补充。

(5)教学过程中教师应积极引导学生提升职业素养,强化职业道德。

4.3　教学考核评价建议

(1)试题内容与教学大纲的符合度

教学大纲中了解、掌握、熟练掌握部分所占试题的比例为:熟练掌握部分≥60%,掌握部分≥25%,了解部分≤15%。

(2)课程成绩采取平时(课堂考勤、课外作业、课内大型作业)与期末课程测试相结合的方法,课程成绩=平时成绩×40%+期末测试×60%。

4.4　课程资源的开发与利用

有效利用精品课程网站,作为学生主动学习的扩充性资料。并将与本课程相关的国内外网站的名称和网址向学生公布,鼓励学生网上学习,让学生浏览、查阅,从而获得许多在课堂上无法涉及的知识。

4.5　其他说明

本课程的内容可根据培养对象的方向进行筛选;本课程标准主要适用于新疆交通职业技术学院。

《汽车营销技术》课程标准

【课程名称】

汽车营销技术

【课程类型】

专业拓展课程

【总 学 时】

32 学时(理论:20;实践:12)

【分　　制】

100 分

【适用专业】

汽车运用技术专业

【课程性质】

《汽车营销技术》是汽车运用技术专业的一门专业拓展课程。本课程采用销售情境仿真教学方法,培养学生的专业拓展能力——汽车销售技能。

1　前言

1.1　课程定位

《汽车营销技术》课程是汽车运用技术专业的拓展课程。该课程具有综合性和应用性特点,基于工作过程系统化的教学模式,采取销售情境仿真教学方法培养学生的专业拓展能力——汽车销售技能,培养学生的汽车销售服务能力以适应现代汽车服务企业对人才综合能力的需求。

1.2　设计思路

通过对本专业汽车销售顾问、展厅接待的工作岗位分析,确定了课程的设计思路为:以汽车业界主流品牌为载体,以汽车销售顾问式服务流程为教学主线,以工作过程系统化教学模式为导向,真正做到"情境驱动、任务导向、工学结合、能力培养"。本课程共涉及的工作任务:树立汽车服务营销理念、汽车市场调研与拓展、汽车品牌营销策划、汽车销售方案制订、销售工作准备、潜在顾客开发、展厅接待、客户需求资讯分析、汽车产品介绍、同级车型竞品分析、汽车推介、试乘 试驾流程、客户异议应对、签约成交、交车服务、客户回访、汽车客户服务管理、汽车大客户开发等。

以职业能力培养为重点,与行业企业合作进行基于工作过程的课程开发与设计,充分体现职业性、实践性和开放性的要求。

2　课程目标

2.1　总体目标

通过工学结合、校企合作的任务驱动项目活动,培养学生良好职业道德、专业技能水平、可持续发展能力，初步形成一定的学习能力和课程实践能力，并培养学生诚实、守信、善于沟通和合作的团队意识，及其环保、节能和安全意识，提高学生各专门化方面的职业能力；并通过理论、实训相结合的教学方式，边讲边学、边学边做、做中学、学中做，把学生培养成为具有良好职业道德的、具有汽车营销技术理论和实践能力的人才，并使学生具备随着社会的发展变化而实现自我发展的职业生涯发展能力。

2.2 具体目标

(1)知识目标

①掌握本专业所必需的文化基础知识；

②掌握市场营销知识；

③掌握汽车营销的相关法律法规。

(2)能力目标

通过本课程的学习，学生应达到以下职业能力目标：

①能够进行汽车市场调研和细分；

②能够对汽车购买行为进行分析；

③能够进行市场营销的定性、定量分析；

④具备进行汽车促销活动策划的能力；

⑤具有较强的语言与文字表达、人际沟通以及分析和解决营销实际问题的基本能力。

(3)素质目标

①养成严肃、认真的科学态度和良好的自主学习方法；

②具有严谨的科学思维习惯和规范的操作意识；

③养成独立分析问题和解决问题的能力；

④能综合运用所学知识和技能独立解决实训中遇到的实际问题，且具有一定的归纳、总结能力。

3 课程内容与要求

本课程的课程内容与要求，如下表所示。

课程内容及教学要求

序号	工作任务	课程内容及教学要求	活动设计	参考学时
1	任务一 汽车营销技术知识	①掌握汽车营销技术的相关理论； ②能够进行汽车市场调研和细分； ③能够对汽车购买行为进行分析	①分组讨论； ②案例分析； ③企业实地考察(赛博特汽车城)	4
2	任务二 销售礼仪及沟通技巧	①掌握汽车销售基本礼仪规范； ②掌握沟通技巧	①汽车营销技术商务礼仪知识讲解； ②汽车营销技术商务礼仪实际操作； ③商务礼仪在与顾客沟通的重要作用	10

续上表

序号	工作任务	课程内容及教学要求	活动设计	参考学时
3	任务三 展厅销售流程及技巧	①熟悉汽车展厅销售基础知识与技能； ②熟悉展厅接待并进行顾客需求分析； ③熟悉展厅销售的基本流程； ④熟悉新车交车流程	①展厅接待与顾客需求分析； ②车辆展示的方法与技巧； ③报价及异议处理； ④汽车消费信贷业务办理知识； ⑤新车办证业务； ⑥新车交车流程	10
4	任务四 汽车营销技术策划	①了解4P营销理论； ②掌握汽车促销活动策划的方法	①4P营销理论； ②营销策划准备； ③汽车促销活动的筹划	4
机动				2
考核				2
合计				32

4 实施建议

4.1 教材选用和编写建议

(1)教材选用

建议选用教材:《汽车营销技术》,主编:陈文华,机械工业出版社,2009年。

参考教材:《汽车营销技术案例教程》,主编:陈文华,机械工业出版社,2009年。

《汽车销售的第一步书》,孙路弘,中国财政经济出版社

(2)教材编写原则与要求

①以本课程标准为依据编写适应课程要求的实训指导书。

②应依据本课程标准编写,充分体现任务引领、项目导向课程的设计思想。

③教材应将本专业职业活动,分解成若干典型的工作项目,按完成工作项目的需要和岗位操作规程,结合职业技能证书考证组织教材内容。要通过自行编制模拟汽车展厅销售训练方案、观看汽车展厅销售的录像、到经销商汽车销售展厅现场参观并运用所学知识进行评价,引入必需的理论知识,增加实践和实际操作内容,强调理论在实践过程中的应用。

(3)教材、教学参考资料使用建议

①教材应图文并茂,提高学生的学习兴趣,加深学生对汽车营销技术的认识和理解。教材表达必须精炼、准确、科学。

②教材内容应体现先进性、通用性、实用性,要将本专业新技术、新流程、新观念及时地纳入教材,使教材更贴近本专业的发展和实际需要。

③教材中的活动设计的内容要具体,并具有可操作性。

4.2 教学建议

(1)在教学过程中,应立足于加强学生实际操作能力的培养,采用项目教学,以工作任务引领提高学生学习兴趣,激发学生的成就动机。

(2)本课程教学的关键是"理论与实践教学一体化",应选用典型的汽车营销技术工作过

程组织与各生产要素管理为载体。在教学过程中，教师示范和学生分组讨论、训练互动，学生提问与教师解答、指导有机结合，让学生在“教”与“学”的过程中，学会汽车销售、了解销售小组的组织管理工作。

(3)在教学过程中，要创设工作情境，同时应加大实践和实际操作的容量，要紧密结合职业技能证书的考证，加强考证的实际操作项目的训练，在实践和实际操作过程中提高学生的岗位适应能力。

(4)在教学过程中，要应用多媒体、投影等教学资源辅助教学，帮助学生熟悉工作现场的工作过程及控制要点。

(5)在教学过程中，要重视本专业领域新技术、新理念、新方法的发展趋势，贴近工作现场，为学生提供职业生涯发展的空间，努力培养学生参与社会实践的创新精神和职业能力。

(6)教学过程中教师应积极引导学生提升职业素养，强化职业道德。

4.3 教学考核评价建议

(1)改革传统的学生评价手段和方法，采用阶段评价、过程性评价与目标评价相结合，理论与实践一体化的评价模式。

(2)关注评价的多元性，结合课堂提问、学生作业、平时测验、课间实训、技能竞赛及考试情况，综合评价学生成绩。

(3)应注重学生动手能力和实践中分析问题、解决问题能力的考核，对在学习和应用上有创新的学生应予特别鼓励，全面综合评价学生能力。

(4)本课程的总评成绩 = 平时30% + 分情境评价70%，其中分情境评价为过程性评价，可以体现为知识测试、调研报告、策划案等。

4.4 课程资源的开发与利用

(1)注重课程资源和现代化教学资源的开发和利用。这些资源有利于创设形象生动的工作情境，激发学生的学习兴趣，促进学生对知识的理解和掌握。同时，建立多媒体课程资源的数据库，努力实现跨学校多媒体资源的共享，扩大课程资源的交互空间，以提高课程资源利用效率。

(2)积极开发和利用网络课程资源，充分利用诸如电子书籍、电子期刊、数据库、数字图书馆、教育网站和电子论坛等网上信息资源，使教学从单一媒体向多种媒体转变；教学活动从信息的单向传递向双向交换转变；学习方式从学生单独学习向合作学习转变。

(3)校企合作共同开发课程资源，充分利用本行业典型的生产经营企业的资源，进行产学合作，建立实习实训基地，实践“工学”交替，满足学生的实习实训，同时为学生的就业创造机会。

(4)建立本专业开放实训中心，使之具备现场教学、实验实训、职业技能证书考证的功能，实现教学与实训合一、教学与培训合一、教学与考证合一，满足学生综合职业能力培养的要求。

(5)建立一支适应本专业稳定的、开放性的、具有丰富实践经验的兼职教师队伍，实现理论教学与实践教学合一、专职教师与兼职教师合一、课堂教学与工作现场教学合一的功能要求。

4.5 其他说明

(1)本标准适用于高职汽车运用技术专业的课程标准。

(2)本课程是一门实践性、综合性较强的专业技能课程，因此课堂讲授应与实践训练密切相结合，辅以独立的模拟训练，加强辅导。为保证教学效果，课程实训应尽量做到每组以 6 人为宜，最多不超过 8 人。

《汽车电路识图》课程标准

【课程名称】

汽车电路识图

【课程类型】

专业拓展课程

【总 学 时】

60 学时(理论:48;实践:12)

【分　　制】

100 分

【适用专业】

汽车运用技术专业

【课程性质】

《汽车电路识图》是汽车运用技术专业的一门专业拓展课程。本课程的主要任务是培养学生具有识读汽车电路的能力,能分析汽车电路的工作特点,能依据电路图在相对应的汽车上找到相应线路,并能进行检测电路状态。

1 前言

1.1 课程定位

《汽车电路识图》是汽车运用技术专业的专业拓展课程之一。本课程的主要任务是培养学生能够识读和分析现代汽车电路图,具有按照汽车电路图检测汽车电路的能力。本课程通过教学和一定的实验课训练达到上述能力。

《汽车电路识图》在汽车运用技术等专业中有着重要的地位,课程设置目的是通过本课程的学习和实践,将《汽车电气设备构造与维修》、《汽车电控发动机诊断与维修》、《汽车底盘电控系统诊断与维修》等课程的电气设备和各电子元件的电路部分联系起来,使学生对汽车电路既有局部的概念又在一个整体系统的概念,增强学生综合分析问题和解决问题的能力。从而指导学生掌握汽车维修与检测汽车电气系统的方法。

1.2 设计思路

该课程依据汽车运用技术专业人才培养方案中"汽车运用技术专业工作任务与职业能力分析表"中的"汽车电气设备维修"工作任务,可分为多个学习情境。先让学生对汽车电路有一定的了解和认识的基础上,通过对汽车上常用的典型电路进行讲解与分析,最后引入各个车型的全车电路进行全面讲解达到本课程的学习目标。

本项目设计以识读汽车电路图为线索来进行,并最终达到掌握看电路图的学习目标。在教学过程中,通过校企合作、校内实训基地建设等途径,采取工学结合、开放实训室等形式,充分开发教学资源,为学生提供充分的实践机会。通过过程评价、知识评价和实践操作评价的形式来评定项目教学,对项目评价的重点要突出实践操作的评价,以此重点反映学生对相关知识的掌握,并体现学生对相关职业能力的掌握程度。课程教学评价以各项目按比例构成。

2 课程目标

2.1 总体目标

通过任务引领的项目活动,学生能够掌握电路识图的相关知识与技能;最后能通过对电路图的分析进行正确的检测方法与判断思路,解决汽车电路方面的故障。

同时,学生能够具备本专业高素质技术工作者应会的完工检验;培养学生专业兴趣,增强团结协作的能力,促进学生职业素养的养成,为培养高素质汽车后服务专门人才奠定良好基础。

2.2 具体目标

(1)知识目标

①汽车电路系统特点与组成;

②汽车电路控制与保护;

③汽车线路、线束与继电器;

④汽车电路图类型与识读方法或技巧;

⑤汽车电路故障的检查方法。

(2)能力目标

①能正确识读汽车电路图上的各种符号与代号;

②能对照汽车电路图说明在相应汽车找到各对应电子元件;

③能对照汽车电路图在对应车上找到对应线束与线路;

④能根据电路图对相应汽车电路故障进行分析、检查与排除。

(3)素质目标

①共同学习,共同进步;

②遇到问题能够独立思考,抓住重点,冷静解决。

3 课程内容与要求

本课程的课程内容与要求,如下表所示。

课程内容及教学要求

序号	学习任务	课程内容及教学要求	活 动 设 计	学时
1	任务一 汽车电路原理图与常用符号	①了解汽车电路的组成特点与类型; ②认识汽车电路基础元件与图形符号; ③了解汽车电路图的类型	①课程采用课堂讲授配合多媒体教学; ②引导学生复习汽车电工电子技术与汽车电气设备课程中有关汽车电子元件及其作用,引出电子图形符号,重点讲授电路图的类型及其基本识读方法; ③教学过程中,选取典型车型局部电路进行讲解,以便后面课程的展开	6

续上表

序号	学习任务	课程内容及教学要求	活动设计	学时
2	任务二 识读汽车主要电气系统电路图	①了解汽车电路识图的基本方法； ②了解汽车电子电路的识图方法； ③传统电气系统电路图的识读； ④现代电子控制系统电路图的识读	①用实例说明汽车电路表达的特点与识读的方法； ②对实车电路各个电气系统电路（起动电路、点火电路、信号与照明电路、电机控制电路、空调电路、汽车电子电路）进行识读的同时，对相应知识进行适应拓展，锻炼学生自我学习能力； ③重点对电路的连接特点进行分析	12
3	任务三 典型汽车电路图识读	①掌握全车电路图的识读方法； ②能识读典型全车电路框图、电路原理图、展开接线图、安装接线图； ③识读帕萨特轿车电路图与电路检测； ④识读丰田汽车电路图与电路检测； ⑤识读雪铁龙汽车电路图与电路检测； ⑥通用轿车电路识读； ⑦现代轿车电路识读	①建议在学院相应车型和实验台（大众捷达、帕萨特、丰田、雪铁龙、别克）上，结合相应车型全车电路图进行教学； ②教学采用项目（任务）教学法，模拟设置故障，学生通过对故障的排除过程一步步学习电路的识读与分析； ③教学过程中引导学生学会以独立思考与分析，并对相应知识点问题进行答疑	4 4 8 10 6 4 2
机动				2
考核				2
合计				60

4 实施建议

4.1 教材选用

本课程选用由程美主编、人民邮电出版社出版的《汽车电路识图》。

4.2 教学建议

《汽车电路识图》教学应采用项目教学法，以工作任务为项目目标，重点培训学生的学习兴趣和学习能力。课程教学中要注重创设教育情境，强调理论实践一体化教学模式；要充分利用挂图、投影、多媒体、仿真资料、实物等教学手段，以确保教学效果的提高。

4.3 教学考核评价建议

考核方式可多样化，有计划、灵活地进行。采取阶段评价和目标评价相结合，理论考核与实践考核相结合，任务的评价与知识点考核相结合，个人素质与专业素质考核相结合等评价方法，以求全面客观地反映学生实际水平。具体考核比例，平时表现占20%；阶段评价占30%；理论考核占20%；实践考核占30%。

4.4 课程资源的开发与应用

（1）学院图书馆有许多车型的电路图，充分利用学院图书资源，安排学生查找电路，识读分析电路，不断提高电路识读水平。

（2）利用学院校企合作中企业提供的汽修资料对电路进行分析与检测。

（3）开发相关的学习辅导书、使用说明书，开发实验台架、仿真软件和诊断系统。充分利用这些成果用于项目教学，以期不断改善教学效果。

4.5 实验实训设备配置建议

由于采用项目教学法，教学中要创设教育情境，采取理论实践一体化教学模式，尽可能安排更多工位，要求实验实训室具有挂图、投影、多媒体、仿真、实物等常规教学手段。相关实训设备、检测仪器、工(量)具等按每组不超过 10 人配备。建议配置汽车实车，汽车常用的检测设备，汽车拆装常用工具，相应车型的专用工具。

4.6 其他说明

(1)鉴于高职生源的多样性，在实施中要编好小组，宜于取长补短，共同提高。

(2)指导教师在进行示范过程中要适时提供相关资料的索引，让学生自己去查阅，确保按时完成任务。

(3)能力培养要求：着重培养学生的自学能力、动手操作能力和分析问题、解决问题的能力。

(4)主讲教师根据本课程标准制订具体的授课计划。

《汽车保险与理赔》课程标准

【课程名称】

汽车保险与理赔

【课程类型】

专业拓展课程

【总　学　时】

60 学时(理论:44;实践:16)

【分　　　制】

100 分

【适用专业】

汽车运用技术专业

【课程性质】

《汽车保险与理赔》是汽车运用技术专业的一门专业拓展课程。该课程的教学内容与汽车保险及车损公估行业的发展紧密相连,因此必须注重培养本专业学生关于汽车的查勘和定损方面的能力。

1　前言

1.1　课程定位

《汽车保险与理赔》是汽车运用技术专业的拓展课程之一。本课程是随着汽车保有量的增加,汽车后市场服务岗位的不断增加以及后市场服务岗位的不断细化,根据行业企业对汽车销售人员、车辆保险专业人员所要求必备的保险专业知识能力而设置的专业课。

本课程的开设,使学生对汽车保险与理赔有一个全面了解的基础上,突出培养学生分析问题的能力和实践操作能力,在实践中运用汽车保险与理赔的相关知识与能力,拓宽自身的专业优势。故在设计本课程时突出强调其职业性与实用性特性,与高等职业技术学院专业定位相匹配。

1.2　设计思路

本课程组教师与行业、企业的专家(兼职教师)密切合作,企业兼职教师直接参与课程设计开发和教学实施的全过程,充分体现课程教学过程的开放性。

课程教学将中国人民财产保险公司、中华联合财产保险公司等保险行业查勘定损岗位的工作任务构成的工作领域转化学习领域;然后基于工作过程设计学习情境,每一情境的学习内容都对应事故车查勘定损业务流程的工作任务。以专业能力、方法能力与社会能力的培养为重点,充分体现课程内容的职业性。

为了充分体现任务引领、工作过程导向课程的思想,将本课程的教学活动分解设计成若干项目,创设相应的工作情境,通过项目驱动的教学设计来实施教学、训练、实习,以校内汽车实训基地和校外保险公司、事故车定点维修厂为上课场所,通过学校和企业双环境的交替学习,通过学校专任教师和企业兼职教师的共同培养,通过实际工作岗位的任务驱动学习和职业素质熏陶,教、学、做三者结合,强调学生在"做"中"学",使学生在技能训练过程中加深对专业知识的理解和应用,充分体现课程教学的实践性。

2 课程目标

2.1 总体目标

《汽车保险与理赔》课程,培养学生适应现代汽车后市场的发展需要,具有良好的职业道德,具备一定的经营管理能力、创新创造及拓展业务能力;能进行车辆查勘定损、保险理赔、汽车公估等工作的"懂管理、善经营、会服务"的高素质技能型人才。

2.2 具体目标

(1)知识目标

①了解风险管理的概念,目标,基本程序和主要方法;

②了解保险的概念,特征,职能,分类,作用;

③熟悉汽车保险利益原则、近因原则、最大诚信原则的含义;

④熟悉汽车损失补偿原则的含义、基本内容、例外情况和派生原则;

⑤熟悉合同的订立、生效、履行、变更、终止和争议处理;

⑥熟悉交强险与商业险各自的特征,责任内容与免责内容;

⑦熟悉投保过程及投保单的填写;

⑧熟悉理赔流程和原理及理赔的资料;

⑨能对事故现场进行分析;

⑩了解分期付款的保证保险。

(2)能力目标

①能够进行风险的识别与管理;

②能确认保险利益,并能用保险利益原则分析相关案例;

③能按照损失补偿原则要求计算保险赔款;

④能正确解释合同涉及的专业术语及合同签订、变更及终止;

⑤能正确解释交强险与商业险的责任内容及免责内容;

⑥能对投保申请进行审核,决定是否承保;

⑦能按理赔的流程申请理赔和准备好理赔的资料。

(3)素质目标

①具有良好的思想政治素质、行为规范及职业道德;

②热爱该专业领域工作,具有良好的心理素质及身体素质;

③具有不断开拓的创新意识;

④具有与客户进行交流及协商的能力;

⑤具有较强的口头及书面表达能力;

⑥具有良好的团队合作能力。

3 课程内容与要求

本课程的课程内容与要求,如下表所示。

课程内容及教学要求

序号	学习任务	课程内容与教学要求	课 程 设 计	学时
1	任务一 汽车保险认知	①风险的概念、特征、构成要素、种类等； ②风险管理的概念、目标、基本程序、主要方法等； ③风险与保险的关系； ④能够进行风险识别； ⑤能够利用风险管理的主要方法处理风险； ⑥能够正确描述风险管理的概念、目标、基本程序、主要方法等	①采用课堂教学结合小组讨论； ②结合理论知识，用案例分析教学法； ③由任课教师组织学生结合课堂所学通过网络等渠道进行资料搜集，完成教学内容	6
2	任务二 汽车保险概述	①汽车保险的含义、职能和作用； ②汽车保险的要素与特征； ③我国汽车保险的种类； ④能正确描述我国汽车保险发展的概况； ⑤能正确描述汽车保险的含义、职能和作用； ⑥能正确描述汽车保险的要素与特征； ⑦能正确描述我国汽车保险的种类	①采用课堂教学结合小组讨论； ②结合理论知识，采用案例分析法，讲解汽车保险的职能和作用； ③学生练习注重表达能力、沟通和协作能力的培养	6
3	任务三 汽车保险原则	①《中华人民共和国合同法》概述； ②《中华人民共和国保险法》概述； ③沟通原理与技巧； ④计算分析能力； ⑤能确认保险利益，并能用保险利益原则分析相关案例； ⑥能用最大诚信原则分析相关案例； ⑦能正确判定风险事件的近因； ⑧能按照损失补偿原则要求计算保险赔款	①运用多媒体课件、图片、案例等讲解汽车保险原则； ②采用课堂教学结合小组讨论； ③通过案例分析进行保险原则解析	8
4	任务四 汽车保险的运行原理	①沟通原理与技巧； ②《中华人民共和国保险法》中财产保险的相关内容； ③能正确解释合同涉及的专业术语； ④会签订、变更和终止保险合同； ⑤能计算并解释保险费的组成	①运用多媒体课件、图片、案例等讲解汽车保险的运行原理； ②结合理论知识，用案例分析教学法； ③设计教学情境，学生模拟进行汽车保险的签订、变更及终止保险合同等工作	12
5	任务五 汽车核保	①保险公司承保的原理； ②核保的原理和内容； ③企业内部管理的基础知识； ④能指导顾客填写投保申请单并进行初步审核； ⑤能正确描述核保的原理及其主要内容	①采用课堂教学结合小组讨论； ②结合理论知识，用案例分析教学法； ③模拟核保问题，由任课教师讲授常用解决方法，学生独立完成课堂作业	8

续上表

序号	学习任务	课程内容与教学要求	课程设计	学时
6	任务六 汽车理赔	①中国人民保险公司对汽车理赔的流程和规则； ②沟通原理与技巧； ③《中华人民共和国保险法》中财产保险的相关内容； ④《我国道路交通事故处理办法及程序规定》； ⑤能正确描述保险理赔的流程； ⑥能正确分析保险事故的责任	①运用多媒体课件、图片、案例等讲解汽车理赔的流程和规则； ②采用课堂教学结合小组讨论； ③结合理论知识，用案例分析教学法讲解保险理赔的流程	10
7	任务七 汽车消费贷款与分期付款的保险(提高性内容)	①中国人民银行关于《汽车消费贷款管理办法》； ②中国人民银行关于“汽车金融机构管理办法”的相关规定； ③能正确描述汽车贷款所需资料； ④能正确描述汽车分期付款售车的信用保险原理	①采用课堂教学结合小组讨论； ②结合理论知识，用案例分析教学法； ③学生练习注重表达能力、沟通和协作能力的培养	6
机动				2
考核				2
合计				60

4 实施建议

4.1 教材选用和编写建议

(1)教材选用

本课程主要教材暂使用由重庆大学出版社出版、张勇主编的《汽车保险与理赔实务》。

(2)教材编写原则与要求

由于目前没有真正适用的教材，所以尚需编写教材。适用的教材在编写时，内容应该与本课程的编排模块基本一致，容量上应该至少多于规定课时大约10课时的内容，这部分的内容主要用于学生课外阅读与自行提升。

(3)教材、教学参考资料使用建议

本专业知识面要求广泛，知识更新速度快，应多参考网络、媒体等新兴渠道。

4.2 教学建议

本课程应组织理实一体任务驱动教学。在教学过程中以任务为主线、学生为主体、教师为主导，将所要学习的新知识融合在任务之中。学生在完成任务过程中，在教师的指导帮助下找出解决问题的方法，自主学习，讨论交流，最后完成任务并总结经验，分析存在的问题；让学生学会分析、学会与人合作、学会总结反思。教师从课前准备、教学过程组织到最后答疑评价总结，充分体现教师的主导作用。学生从分组讨论、接受任务、分工合作、完成任务到评价结果，充分体现学生的主体地位，真正实现“教、学、做一体”，以保证良好的教学效果。

4.3 教学考核评价建议

本课程考核方法：

(1)过程考核与综合演练考核相结合；

(2)建立过程考核与综合演练考核相结合的方法，强调过程考评的重要性。

课程考核成绩 = 平时 ×20% + 学习情境考核 40% + 综合演练考核 ×40%。其中：平时成绩包括考勤、作业；综合演练考核为综合演练强化考核成绩。

4.4 课程资源的开发与利用

(1)注重实训指导书和实训教材的开发和应用。

(2)注重课程资源和现代化教学资源的开发和利用，这些资源有利于创设形象生动的工作情境，激发学生的学习兴趣，促进学生对知识的理解和掌握。同时，建议加强课程资源的开发，建立多媒体课程资源的数据库，以提高课程资源利用效率。

(3)积极开发和利用网络课程资源，充分利用诸如电子书籍、电子期刊、数据库、数字图书馆、教育网站和电子论坛等网上信息资源，使教学从单一媒体向多种媒体转变；教学活动从信息的单向传递向双向交换转变；学生学习方式从单独学习向合作学习转变。同时，应积极创造条件搭建远程教学平台，扩大课程资源的交互空间。

(4)产学合作开发实训课程资源，充分利用校内外实训基地，进行产学合作，实践“工、学”交替，满足学生的实习、实训，同时为学生的就业创造机会。

(5)建立本专业开放式实训中心，使之具备现场教学、实训教学，实现理论教学与实训合一，满足学生综合职业能力培养的要求。

4.5 其他说明

(1)鉴于高职生源的多样性，在实施中要编好班组，宜于取长补短、共同提高。

(2)指导教师在进行模拟训练时要注重调动学生的积极性、主动性，提高学生的自学能力。

四、实训课程标准

《钳工实训》课程标准

【课程名称】

钳工实训

【课程类型】

实训课程

【建议学时】

26 学时

【适用专业】

汽车运用技术专业

1 前言

《钳工实训》是根据行业企业调研，走访企业技术人员，以及结合学生毕业后实际从事工作岗位的技术要求而制定。通过本课程进行的专项培训，对学生实践动手能力的进一步提高，突出工作任务和知识的联系，让学生在实践联系的基础上掌握知识和技能。

2 实训项目设计理念

本实训项目设计基于“以能力为本位、以职业实践为主线、以项目课程为主体的模块化专业课程体系”的总体设计要求，课程内容选取的基本依据是学生今后涉及的工作领域和工作任务范围。

将课程分解为“钳工概述、钳工手工工具加工、钳工机动工具加工”三个大模块。通过该实训课程，使学生掌握钳工安全操作规范、常用划线方法、锯割的分类和方法、锉削的分类和方法、钻削方法等知识和作业内容，并可以综合运用所学知识加工简单的产品。

3 核心技能描述

熟悉安全操作规范，能够根据加工产品的要求，正确选用手动工具或机动工具；掌握正确的加工方法和加工要领。

4 实训项目作用

本实训项目的开展，学生能够了解钳工在工艺生产中的工作任务，熟悉钳工的工作性质和范围，掌握钳工的操作技能，熟悉钳工工作的程序，能够开展产品生产缺陷的原因分析，能够进行机械零件制作，为今后学生走上工作岗位提供一定的技能基础。

5 实训内容与要求

本课程的实训内容与要求，如表 1 所示。

实训内容及教学要求 表1

序号	工作任务	实训内容及教学要求	活动设计	参考学时
1	钳工概述	钳工的工作内容和安全操作规范等	案例法讲解钳工的工作内容	2
2	钳工常用量具	能够使用专用量具、标准量具，会进行量具的保养	按照学生每2人一套量具准备，并准备部分检测用零部件用于学生检测	4
3	钳工划线	会使用画线工具，采用平面、立体划线的方法，进行钳工划线	老师分发毛坯件，学生在毛坯件上划线	2
4	锉削加工	掌握锉刀的构造，会进行锉刀的选用；具有锉削操作的基本技能	学生独立对毛坯件进行锉削加工	4
5	锯割加工	掌握锯割工具的构造，会进行锯割工具的选用；具备锯割操作的基本技能	分发不同材料的毛坯件，学生自己选择锯条，自己安装锯条进行锉削加工	4
6	孔加工	具有钻孔设备的使用能力；具有钻孔操作的基本技能	教师布置任务，学生安装钻头，独立加工孔	2
7	螺纹加工	掌握丝锥和板牙的选用技巧和方法；掌握螺纹加工的流程和方法，能够进行螺纹加工	根据教师布置的任务，学生选择不同型号的丝锥或板牙进行螺纹加工	2
8	综合加工	加工六方螺母		6

6 实训考核及其依据

本课程的实训考核表，如表2所示；实训考核的依据，如表3所示。

《钳工实训》实训考核表 表2

序号	考核内容	评分要点	配分标准	得分	备注说明
1	工(量)具使用	工具使用正确；量具使用正确	10分		
2	锯割项目	流程顺序、有无缺漏项	20分		
3	锉削项目	检测方法正确；能够正确查阅检测标准	20分		
4	钻孔工艺	定位基准选择、加工方法及工艺	20分		
5	六方螺母制作工艺及流程	是否可以正确使用维修资料和维修手册	20分		
6	安全操作	无零件落地；无人员受伤；无违规现象	10分		
合计					

《钳工实训》的考核依据 表3

考试方式	内容	评价主体	比例
过程性考核(50%)	技能考核	实训教师	20%
	知识考核	实训教师	10%
	实训报告	实训教师	20%
目标评价(50%)	技能考核考试	实训教师	50%

7 其他说明

实训中要求教师担任安全督导，保证在实训过程中人员、设备安全。为了保证实训质量，严格按照课程设计中对教学设备数量与实训学生人数的关系进行配置。

《汽车发动机维修专项实训》课程标准

【课程名称】

汽车发动机维修专项实训

【课程类型】

专业核心课程集中实训

【建议学时】

26学时

【适用专业】

汽车运用技术专业

1 前言

本课程是培养学生掌握汽车发动机修理技能的实践性教学活动。学生在教师的指导下，通过拆装、观察分析和反复练习，巩固和掌握本课程所必需的基础理论、基本知识；掌握汽车发动机修理的操作技能、技巧；正确使用工、量具；增强安全生产和文明生产的意识，培养良好的职业道德，达到本工种中级技术等级水平。

2 实训项目设计理念

本课程是依据“汽车运用技术专业工作任务与职业能力分析表”中的“发动机诊断”工作任务设置的。其总体设计思路是：先让学生对汽车发动机的总体结构与布置、汽油机工作原理、柴油机工作原理等知识有一定的了解基础上，通过设计曲柄连杆机构的诊断与维修、配气机构的诊断与维修、冷却系的诊断与维修、润滑系的诊断与维修、化油器式供给系的诊断与维修、汽油喷射式供给系的诊断与维修、柴油供给系的诊断与维修等项目，将以知识传授为主要特征的传统学科模式转变为以项目为中心组织课程内容，让学生在完成上述单一系统的诊断与维修的过程中学会相应系统的诊断与维修技能的同时构建相应系统的知识；并在此基础上通过发动机的装配调试和发动机综合故障诊断与维修等项目的设计，让学生掌握发动机诊断的技能并构建相应的知识。

3 核心技能描述

学习完本课程后，学生应当能够进行发动机机械系统维护、诊断和修理作业，包括：

(1)更换发动机传动皮带；

(2)更换发动机正时皮带/链条；

(3)检测和修理发动机气缸盖和配气机构；

(4)检测与修理发动机气缸体；

(5)检测和装配发动机曲柄连杆机构；

(6)检测和修理发动机冷却系；

(7)检测与修理发动机润滑系；

(8)更换发动机总成；

(9)诊断发动机动力不足的机械故障。

4 实训项目作用

学生在教师指导下或借助维修手册等资料，制订发动机机械系统的维护、诊断和修理作业计划，并实施和检查反馈。在发动机机械系统维护、诊断和修理过程中，使用工具、设备、燃料和运行材料等必须符合劳动安全和环境保护规定。在规定时间内完成发动机机械系统相应部件的拆卸、检查、安装和诊断等项目，作业时标准规范安全文明。对已完成的任务进行记录、存档和评价反馈，自觉保持安全和健康的工作环境。

5 实训内容与要求

本课程的实训内容与要求，如表1所示。

实训内容及教学要求 表1

序号	工作任务	实训内容及教学要求	活动设计	参考学时
1	发动机总成拆装	具有对丰田或雪铁龙发动机总成进行拆装、维护及调整的能力	丰田工间或东风雪铁龙工间进行发动机拆装实训	4
2	发动机零件检测	具有发动机主要机件的检测能力	对发动机主要机件进行检测与检查	10
3	发动机故障诊断	具有利用诊断仪器对发动机进行故障诊断与排除的能力	利用先进的诊断检测仪器对发动机进行故障检测并分析数据查找故障	12

6 考核方式与内容

本课程的考核方式与内容，如表2所示。

考核方式与内容 表2

考核方式	考核内容	评价主体	比例
过程性考核(50%)	技能考核(发动机拆装及检测)	实训教师	20%
	知识考核(发动机检测及故障诊断方法)	实训教师	10%
	实训报告	实训教师	20%
目标评价(50%)	技能考核考试	实训教师	50%

《汽车底盘维修专项实训》课程标准

【课程名称】

汽车底盘维修专项实训

【课程类型】

专业核心课程集中实训

【建议学时】

26 学时

【适用专业】

汽车运用技术专业

1 前言

《汽车底盘维修专项实训》课程是培养学生掌握汽车底盘修理技能的实践性教学活动。本课程是理论教学的深化和补充,具有较强的实践性,是一门重要的专业实训课程。

学生在教师的指导下,通过拆装、观察分析和反复练习,巩固和掌握本课程所必需的基础理论、基本知识;掌握汽车底盘修理的操作技能、技巧;正确使用工、量具;增强安全生产和文明生产的意识,培养良好的职业道德,达到汽车维修工种中级技术等级水平。

2 实训项目设计理念

本课程是依据"汽车运用技术专业工作任务与职业能力分析表"中的"底盘诊断"工作任务设置的。其总体设计思路是:先让学生对汽车底盘的总体结构与布置、传动系统、行驶系统、转向系统、制动系统等知识有一定的了解基础上,通过对底盘总体结构认识,离合器及操纵机构的拆装与检修,变速器总成的拆装(选做),二、三轴变速器及操纵机构的拆装与检修,万向传动装置的拆装与检修,驱动桥的拆装与检修,车轮定位的检查和调整,车轮与轮胎的拆装与检测,悬架的拆装与检修,转向系统的拆装与检修,液压动力转向系统的组成认识与检修,制动系统拆装与调整,汽车底盘竣工验收等项目的掌握,将以知识传授为主要特征的传统学科模式转变为以项目为中心组织课程内容,让学生在完成上述单一系统的诊断与维修的过程中学会相应系统的诊断与维修技能的同时构建相应系统的知识;并在此基础上通过底盘的装配调试和底盘综合故障诊断与维修等项目的设计,让学生掌握底盘诊断的技能并构建相应的知识。

3 核心技能描述

学习完本课程后,学生应当能够进行底盘机械系统维护、诊断和修理作业,包括:

(1)离合器及操纵机构的拆装与检修;

(2)变速器总成的拆装;

(3)万向传动装置的拆装与检修;

(4)驱动桥的拆装与检修;

(5)车轮定位的检查和调整;

(6)转向系统的拆装与检修;

(7)液压动力转向系统的组成认识与检修；
(8)制动系统拆装与调整。

4　实训项目作用

学生在教师指导下或借助维修手册等资料，制订底盘机械系统的维护、诊断和修理作业计划，并实施和检查反馈。在底盘机械系统维护、诊断和修理过程中，使用工具、设备和运行材料等必须符合劳动安全和环境保护规定。在规定时间内完成底盘机械系统相应部件的拆卸、检查、安装和诊断等项目，作业时标准规范安全文明；对已完成的任务进行记录、存档和评价反馈，自觉保持安全和健康的工作环境。

5　实训内容与要求

本课程是《汽车底盘机械系统诊断与维修》课程的实践环节，通过现场实训操作，使学生了解国内外汽车底盘维修技术的发展动态，掌握汽车底盘故障诊断的一般方法，熟悉各种检测仪器及设备的结构特点、原理及使用方法，为今后工作打下良好的基础。

本课程的实训内容及教学要求，如下表所示。

实训内容及教学要求

序号	工作任务	实训内容及教学要求	活动设计	参考学时
1	任务一 离合器及操纵机构的拆装与检修	①会使用离合器拆、装、检、调的各种工具、机具； ②能进行离合器及操纵机构的拆装，并符合其工艺过程和要求； ③能进行离合器主要零部件的检修； ④能进行离合器的各项调整，并符合技术标准； ⑤能进行离合器常见故障的诊断与排除	丰田工间或东风雪铁龙工间进行离合器及操纵机构的拆装与检修	4
2	任务二 手动变速器总成的拆装	①会运用各种拆装工具； ②能进行手动变速器的解体和清洗； ③能进行手动变速器主要零部件的检验； ④能进行手动变速器的维修； ⑤能进行手动变速器的装配和调整，并符合技术条件； ⑥能进行手动变速器常见故障的诊断与排除	丰田工间或东风雪铁龙工间进行手动变速器的拆装与检修	4
3	任务三 万向传动装置的拆装与检修底盘故障诊断	①会正确使用普通、专用量具； ②能读懂装配图，会使用维修手册； ③会万向传动装置装配的工艺流程； ④能熟记万向传动装置的性能技术参数	丰田工间或东风雪铁龙工间进行万向传动装置的拆装与检修	2
4	任务四 驱动桥的拆装与检修	①会正确运用各种拆装工具、机具、设备； ②能进行驱动桥的解体和机件的清洗； ③能进行驱动桥主要零部件的检验； ④能对主减速器进行拆装，并能满足拆装顺序及要求； ⑤能对主减速器的轴承预紧度、齿轮啮合间隙和啮合印痕进行调整，方法正确，符合技术要求； ⑥能对普通行星齿轮差速器进行拆装与调整，并能满足拆装顺序及技术要求； ⑦能进行驱动桥的装配、调整和磨合； ⑧能排除驱动桥的一般故障	丰田工间或东风雪铁龙工间进行驱动桥的拆装与检修	4

续上表

序号	工作任务	实训内容及教学要求	活动设计	参考学时
5	任务五 车轮定位的检查和调整	①能检查和调整前轮定位,并符合技术标准; ②能检查和调整前轮最大转向角,并符合技术标准; ③能进行车轮动平衡试验与调整; ④能在汽车二级维护中,对轮胎进行换位; ⑤能进行轮胎的装配与检修	丰田工间或东风雪铁龙工间进行车轮定位的检查和调整	4
6	任务六 转向系统的拆装与检修	①会正确运用各种拆装工具、机具设备和检测仪器; ②能进行转向系各机件的解体和清洗; ③能进行循环球式转向器拆卸、清洗、检验、装配与调整,并符合技术条件; ④能判断并排除汽车转向系统的一般故障	丰田工间或东风雪铁龙工间进行转向系统的拆装与检修	2
7	任务七 液压动力转向系统的组成认识与检修	①能初步进行滑阀式动力转向器的拆卸、清洗、检验、装配与调整; ②能初步进行转阀式动力转向器的拆卸、清洗、检验、装配与调整; ③能正确进行转向油泵的拆装及调整	丰田工间或东风雪铁龙工间进行液压动力转向系统的组成认识与检修	2
8	任务八 制动系统拆装与调整	①会正确运用各种拆装工具、机具设备和检测仪器; ②能进行制动系各机件的解体和清洗; ③能鼓式车轮制动器的拆卸、清洗、检验、装配与调整,并符合技术条件; ④能进行盘式车轮制动器的拆卸、清洗、检验、装配与调整,并符合技术条件; ⑤能进行液压制动系统的拆卸与装配; ⑥能诊断并排除气压、液压制动系统常见故障	丰田工间或东风雪铁龙工间进行制动系统拆装与调整	4

6 实训方式与基本要求

(1)本实训课程为非单独设立课程,与《汽车底盘机械系统诊断与维修》课程相互配合进行。

(2)本实训课程的每一个实训项目均分组进行,8~10 人为一组,相互配合。

(3)本实训课程采用教师现场讲解、演示,学生分组进行练习相结合,目的是使学生加深对底盘检测设备原理的理解及提高独立操作的能力。

(4)本实训课程要求学生做好实验结果记录,试验后按照要求完成实验报告,并能对实验结果进行初步分析。

7 考核依据及内容

本课程依据学生实训时的工作学习表现,如出勤、操作情况等占 20%,项目操作完成情况占 40%,实训报告占 40%,进行评定学生实训课程成绩。

8 其他说明

本课程标准由汽车与机电工程学院与乌鲁木齐市博望现代汽车销售服务有限公司、新疆大众申华汽车销售服务有限公司联合开发。

《汽车电气设备诊断与维修专项实训》课程标准

【课程名称】

汽车电气设备诊断与维修专项实训

【课程类型】

专业核心课程综合实训课程

【建议学时】

26学时

【适用专业】

汽车运用技术专业

1 前言

本课程是电机与电器专业学生为获取电器产品的试验与检验高级工证书而进行的实训项目要求。本实训环节安排在电器综合实训(等级考试)中,为高级工实训部分。

2 实训项目设计理念

本实训通过“项目要求→任务分解→案例→故障检测与排除→数据记录→结果分析”一系列的工作实践过程,完成对典型汽车电气、电路检测并掌握其方法。通过此实训,学生可以真正地掌握汽车电气设备诊断与维修的方法,达到分组实训,完成汽车电气设备检测和诊断的目的,符合高职学生学习规律。

3 核心技能描述

检测电源系统中的发电机拆装与检测、起动系统起动机拆装与检测,点火系故障诊断与排除方法,汽车灯系控制电路故障诊断与排除、汽车电动控制电路系统故障诊断与排除、汽车空调系统故障诊断与排除等。

4 实训项目作用

(1)发电机就车检测、发电机定子和转子检测、发电机整流电路检测,加强学生理论知识,能够进行充电电路故障认识和故障诊断。

(2)检测起动机各部件检测,使学生能够进行起动电路故障诊断。

(3)检测点火系电路,点火线圈的阻止、点火控制器好坏、火花塞的性能,使学生掌握点火电路故障诊断方法。

(4)检测汽车照明电路、信号电路,主要掌握汽车灯系电路故障诊断方法。

(5)检测汽车电动系统电路,如电动门窗、电动门锁、电动后视镜、电动刮水器等,主要掌握电动系统故障诊断方法和检测方法。

(6)检测汽车空调系统,如汽车空调制冷系统故障、汽车暖风故障、汽车空调控制电路故障,通过汽车案例使学生掌握汽车空调系统不通故障诊断方法与检测思路。在操作中要规范、安全、文明。

5 实训内容与要求

本课程的实训内容与要求，如表1所示。

实训内容及教学要求 表1

序号	学习任务	实训内容及教学要求	活动设计	学时
1	任务一 发电机拆装与检测	①能根据维修工单收集信息，制订作业计划； ②能进行发电机的就车检查及更换； ③能进行发电机解体检测与修复； ④能分析调节器内部电路控制原理； ⑤养成工作安全和事故防护的习惯； ⑥能按规定正确选择、使用材料	①建议安排学生在整车上对发电机就车性能检查及更换； ②建议在整车上以不充电故障的诊断与修复为例进行教学； ③建议在电气总成维修间对发电机的解体检测与修复进行教学； ④学生自我检测：确定蓄电池更换、发电机更换、发电机解体检测与修复、不充电故障诊断的流程和实际操作的一致性，工单填写情况，安全操作意识； ⑤教师评价：根据自我评价、小组评价来确定设计流程的水平	4
2	任务二 起动机拆装与检测	①能根据维修工单收集信息，制订作业计划； ②能全面地分析汽车起动系统故障，确定故障的基本部位，并能排除故障； ③能对起动机进行解体检测与修复； ④养成工作安全和事故防护的习惯； ⑤能按规定正确选择、使用材料	①建议安排学生在整车上以汽车不起动故障诊断与修复为例进行教学； ②建议在电气总成维修间对起动机的解体检测与修复进行教学； ③学生自我检测：确定不起动故障诊断流程和实际操作的一致性，工单填写情况，安全操作意识； ④小组成员互评：沟通和协助能力，"5S"要求； ⑤教师评价：根据自我评价、小组评价来确定设计流程的水平	2
3	任务三 点火系故障检测与诊断	①能根据维修工单收集信息，制订作业计划； ②能全面地分析汽车点火系故障，确定故障的基本部位，并能排除故障； ③检测火花塞的好坏； ④知道并了解点火系的结构； ⑤养成工作安全和事故防护的习惯； ⑥能按规定正确选择、使用材料	①建议安排学生在整车上以点火系故障诊断与修复为例进行教学； ②学生自我检测：确定点火系故障诊断流程和实际操作的一致性，工单填写情况，安全操作意识； ③小组成员互评：沟通和协助能力，"5S"要求； ④教师评价：根据自我评价、小组评价来确定设计流程的水平	6
4	任务四 汽车灯系故障检测与诊断	①能根据维修工单收集信息，制订作业计划； ②能全面地分析汽车前照灯不亮、信号系统工作不正常故障，确定故障的基本部位，并能排除故障； ③检测灯总开关好坏； ④检测保险、灯光继电器好坏； ⑤检测转向开关、闪光继电器、刹车开关好坏	①建议在整车上以汽车前照灯不亮、信号系统工作不正常故障的诊断与修复为例进行教学； ②学生自我检测：确定的前照灯不亮、信号系统工作不正常故障诊断流程和实际操作的一致性，工单填写情况，安全操作意识； ③教师评价：根据自我评价来确定设计流程的水平	6

续上表

序号	学习任务	实训内容及教学要求	活动设计	学时
5	任务五 汽车电动门窗、门锁、后视镜故障检测与诊断	①能根据维修工单收集信息，制订作业计划； ②能全面分析电动门窗、门锁、后视镜故障原因，确定故障位置，并能排除故障； ③检测电动门窗电机好坏、门窗开关好坏； ④检测门锁开关、后视镜开关好坏； ⑤养成工作安全和事故防护的习惯； ⑥能按规定正确选择、使用材料	①建议在整车上以汽车电动门窗、门锁、后视镜等系统工作不正常故障的诊断与修复为例进行教学； ②学生自我检测：确定电动门窗、门锁、后视镜不工作故障诊断流程和实际操作的一致性，工单填写情况，安全操作意识； ③小组成员互评：沟通和协助能力； ④教师评价：根据自我评价、小组评价来确定设计流程的水平	4
6	任务六 汽车空调故障检测与诊断	①能根据维修工单收集信息，制订作业计划； ②能全面地分析汽车空调不制冷、制冷过弱、无暖风等故障，确定故障的基本部位，并能排除故障； ③汽车空调暖风故障诊断与排除； ④汽车空调制冷系统故障诊断与排除； ⑤实习加注冷媒操作方法； ⑥实习抽空操作方法； ⑦通过高低压表检测出空调故障现象； ⑧汽车空调控制电路检测方法； ⑨能全面地分析汽车空调控制电路、汽车空调制冷系统故障，确定故障的基本部位，并能排除故障； ⑩养成工作安全和事故防护的习惯； ⑪能按规定正确选择、使用材料	①建议先在汽车空调实训台操作，然后到整车上以汽车空调制冷系统故障和空调控制电路的诊断与修复为例进行教学； ②学生自我检测：确定汽车空调制冷系统不制冷诊断流程、空调控制电路检测和实际操作的一致性，工单填写情况，安全操作意识； ③教师评价：根据自我评价来确定设计流程的水平	4

6 考核方式与内容

本课程的考核方式与内容，如表2所示。

考核方式与内容　　表2

考核方式	考核内容	评价主体	比例
过程性考核(50%)	技能考核(实训项目操作)	实训教师	20%
	知识考核(电气设备诊断与维修相关理论知识)	实训教师	10%
	实训报告	实训教师	20%
目标评价(50%)	技能考核考试	实训教师	50%

7 其他说明

本实训安排在第四学期的“汽车电气实训”中进行，时间为一周，实训完成后参加“汽车维修电工”中级证书的考试。

《汽车维护保养专项实训》课程标准

【课程名称】

汽车维护保养专项实训(丰田模式+企业实训)

【课程类型】

综合实训课程

【建议学时】

52课时

【适用专业】

汽车运用技术专业

1 前言

本课程是为提高学生正确使用维护保养工具设备,养成良好职业素养和职业技能,初步了解实际生产流程的一门综合性实践实训课程。本课程一般安排在第三学期进行。

2 实训项目设计理念

全面采用丰田服务培训《TEAM21丰田技术员》培训教材和丰田公司统一要求的方法,为学生今后从事汽车销售服务、汽车维修和汽车零部件管理等工作岗位奠定基础;同时,本实训具有较强的职业性,与实际企业生产相一致,提高学生的就业竞争力。

3 核心技能描述

掌握常用工具、量具的使用方法;能正确掌握汽车40000km保养的基本内容、流程和要点;能够正确使用维修资料;能在规定的时间内完成规定的保养内容;具备较好的安全操作意识;提高团队协作能力和沟通交流能力。

4 实训项目作用

(1)掌握现代汽车基础结构和工作原理等方面专业知识。

(2)具备丰田汽车定期保养的基本知识和基本技能。

(3)具备丰田汽车使用、维修、检测等方面的专业知识和基本技能。

(4)具备丰田汽车售后技术服务、汽车零配件供应等方面的专业知识和基本技能。

5 实训内容与要求

根据丰田服务培训的要求,采用《TEAM21丰田技术员》培训教材,包括一般信息、汽车的基本原理和丰田技术员三部分内容。

教学采用理论授课与实践训练相结合的"理实一体化"方式进行。

(1)一般信息

讲授或实践训练一般信息、PDS、燃油和润滑剂、工具和测量以及螺母和螺栓等内容。通过学习和实训,学生应掌握维修手册的使用、新车交车前的检验以及检验车辆的状态、燃油以及润滑剂的正确使用、工具以及量具的选择和使用、螺母与螺栓规格及紧固要求等知识和技能。

(2)丰田技术员

讲授或实践训练丰田概况、丰田技术员是什么、基本的维修操作、工作安全、5S、定期保养的目的、定期保养的基本知识和定期保养等内容。通过学习和实训,学生应掌握什么是5S、定期保养的基本知识、40000km保养的基本要求及专业技能。

丰田技术专项实训进度安排,如表1所示。

丰田技术专项实训进度安排表 表1

<table>
<tr><th colspan="2">课程名称</th><th>教学内容</th><th>授课时数</th><th>实训时数</th><th>学时小计</th><th>备注</th></tr>
<tr><td rowspan="12">丰田技术专项实训</td><td rowspan="5">1 一般信息</td><td>1.1 一般信息</td><td rowspan="5">2</td><td rowspan="2">1</td><td rowspan="5">6</td><td></td></tr>
<tr><td>1.2 PDS</td><td></td></tr>
<tr><td>1.3 燃油和润滑剂</td><td>1</td><td></td></tr>
<tr><td>1.4 工具和测量</td><td rowspan="2">2</td><td></td></tr>
<tr><td>1.5 螺母和螺栓</td><td></td></tr>
<tr><td rowspan="7">2 丰田技术员</td><td>2.1 基本的维修操作</td><td rowspan="2">1</td><td rowspan="2">1</td><td rowspan="7">20</td><td></td></tr>
<tr><td>2.2 工作安全</td><td></td></tr>
<tr><td>2.3 5S</td><td rowspan="2">1</td><td rowspan="2"></td><td></td></tr>
<tr><td>2.4 定期保养的基本知识</td><td></td></tr>
<tr><td>2.5 定期保养</td><td></td><td>15</td><td></td></tr>
<tr><td>2.6 测验</td><td></td><td>2</td><td></td></tr>
<tr><td></td><td></td><td></td><td></td></tr>
<tr><td colspan="2">企业实训</td><td>汽车维护保养观摩</td><td>4</td><td>22</td><td>26</td><td></td></tr>
<tr><td colspan="3">合计</td><td>8</td><td>44</td><td>52</td><td></td></tr>
</table>

6 考核内容及考核依据

本课程的考核内容及评分要点,如表2所示;实训考核依据,如表3所示。

《丰田技术专项培训》实训考核表 表2

序号	考核内容	评分要点	配分标准	得分	备注说明
1	工(量)具使用	工具使用正确;量具使用正确	10分		
2	保养流程	流程顺序、有无缺漏项	35分		
3	检测结果	检测方法正确;能够正确查阅检测标准	25分		
4	维修资料查阅	是否可以正确使用维修资料和维修手册	20分		
5	安全操作	无零件落地;无人员受伤;无违规现象	10分		
合计			100		

《丰田技术专项培训》实训考核依据　　表 3

考核方式	考核内容	评价主体	比例
过程性考核(50%)	技能考核	实训教师	20%
	知识考核	实训教师	10%
	实训报告	实训教师	20%
目标评价(50%)	技能考核考试	实训教师	50%

7　其他说明

(1)为提高学生的操作技能,一般按照 6 人/车的分组率,安排 2 名指导教师。

(2)场地采用理实一体化场地;保证通风效果良好。

(3)相应的维修资料应齐全。

(4)相应的专业工具应齐全。

定期保养具体内容参照丰田技术员培训要求。

《汽车整车检测专项实训》课程标准

【课程名称】

汽车整车检测专项实训（雪铁龙模式+企业实训）

【课程类型】

综合实训课程

【建议学时】

52学时

【适用专业】

汽车运用技术专业

1 前言

《汽车整车检测专项实训》是根据东风雪铁龙员工技术培训标准，以及结合我院实际情况制定。通过本课程进行的专项培训，是对所学汽车发动机、底盘、电器设备、控制系统等汽车专业知识进行进一步验证，对学生实践动手能力的进一步提高，也有助于学生了解雪铁龙车系特点，丰富学生的实践。同时也是为学生考取相应的汽修行业和企业认证资格提供了有力支持。

2 实训项目设计理念

本实训设计基于汽车维修服务情境，将课程分解为“设定项目→前期准备→项目进行→项目自检→项目校检”的工作过程。通过该过程，学生能够掌握汽车定期保养、发动机常规维修作业、底盘常规维修作业以及电器和电控系统的基本维修作业。通过此实训，学生的实践动手能力可以得到进一步的强化。

3 核心技能描述

掌握车辆定期保养工艺流程，并能够通过对车辆的保养及时发现车辆所存在的故障隐患。能够熟练地对发动机正时皮带、减震器、发电机、起动机等常规易损部件进行更换；会利用诊断仪对发动机电脑进行初始化。

4 实训项目作用

本实训项目的开展，使学生对车辆的定期保养项目有了更加充分的认识，通过对车辆的保养维护及时发现车辆的故障隐患，并且能够独立完成对车辆的定期保养。对车辆常规维修项目中发动机、底盘、电器、电控部分，也能够进一步提升学生对发动机正时皮带拆装、减震器拆装、起动机及发电机拆装的能力。同时进一步加强了学生对上述项目维修工艺的掌握程度。对电控系统项目，可以帮助学生更好地熟悉诊断设备使用、操作，及发动机电脑匹配的工艺。学生在东风雪铁龙培训中心得到与企业员工一致的培训。此次专项培训也是选取了维修作业中常见的项目，从而保证学生到企业后即可开展保养维修工作。

5 实训内容与要求

本课程的实训内容与要求,如表1所示。

实训内容及教学要求　　表1

序号	工作任务	实训内容及教学要求	活动设计	参考学时
1	任务一 车辆定期保养	以车辆三万公里定期保养为主,掌握三万公里保养的各个项目及流程;能够熟练进行车辆定期保养	按照学生每2人一组,一辆教学用车,开展定期养护项目的练习	8
2	任务二 发动机常规维修作业	发动机正时皮带的更换,掌握正时皮带拆装工艺,能够熟练进行正时皮带的更换	按照学生每6人一组,一辆教学用车,进行更换发动机正时皮带练习	6
3	任务三 底盘常规维修作业	减震器的更换,掌握减震器的拆装工艺,能够熟练拆装减震器	按照学生每10人一组,一辆教学用车,进行更换减震器练习	6
4	任务四 电器常规维修作业	起动机、发电机更换,掌握发电机起动机拆装工艺,能够熟练进行起动机、发电机的拆装	按照学生每6人一组,一辆教学用车,进行更换起动机发电机练习	4
5	任务五 电控常规维修作业	发动机电脑初始化,能够用诊断仪将发动机电脑初始化	按照学生每5人一组,一辆教学用车,进行对发动机电脑进行初始化练习	2
6	任务六 企业实训	汽车整车检测观摩	在校办企业进行生产性实训	26
合计				52

6 考核方式与内容

本课程的考核方式与内容,如表2所示。

考核方式与内容　　表2

考核方式	考核内容	评价主体	比例
过程性考核(50%)	技能考核(实训操作项目)	实训教师	20%
	知识考核(整车检测相关理论知识)	实训教师	10%
	实训报告	实训教师	20%
目标评价(50%)	技能考核考试	实训教师	50%

7 其他说明

实训中要求每辆车安排一名学生安全员,并安排一位教师担任安全督导,保证在实训过程中人员、车辆安全。为了保证实训质量,严格按照课程设计中对教学设备数量与实训学生人数的关系进行配置。

附录一　高职毕业生论文撰写及答辩规范

论文撰写是教学活动的重要组成部分之一，因此，高职专业学生需要在大学学业完成前通过顶岗实习的锻炼对所学专业进行归纳总结，并提交论文。

毕业论文能够培养学生综合运用、巩固与扩展所学的基础理论和专业知识，培养学生独立分析、解决实际问题能力；培养学生正确的理论联系实际的工作作风，严肃认真的科学态度；培养学生进行社会调查研究，文献资料收集、阅读和整理、使用，提出论点、综合论证、总结写作等基本技能。

为了规范毕业论文的撰写工作和加强管理，现对（汽车与机电工程学院）毕业班级毕业论文撰写作以下说明：

（1）论文安排时间

2013 年 5 月 13 ~ 17 日为专业负责人进班安排，利用周一、周三的两个下午进行。

具体内容为：讲解论文撰写要求、规范，确定各位学生的指导教师等。

另，汽车与机电工程学院撰写论文的封皮、格式及字数要求全部要统一；论文要求图文并茂，字数不少于 4000 字。

（2）指导人数

每位指导教师指导毕业论文人数原则上不超过 10 人。

（3）论文内容

毕业论文涉及内容为学生所学习的专业领域，及顶岗实习所从事的相关专业工作岗位方面等。

（4）学生答辩资格确认

①撰写开题报告

学生在撰写论文前必须先撰写开题报告（提供相关佐证材料），并得到指导教师的指导和认可；开题报告由指导教师审核通过后，方可进入到撰写论文阶段。

学生开题报告提交时间为 2013 年 11 月 1 日前，如果学生不能按时提交论文，学校将不安排其论文答辩。

②撰写论文阶段

开题报告审核通过后，学生开始撰写论文，期间需提交指导教师审核（提交相关佐证材料）。

时间：2014 年 3 月 10 日前

③论文提交

2011 级学生毕业论文修改和整理阶段为 2014 年 3 月 10 日至 3 月 16 日，要求学生与指导教师面对面交流，修改论文终稿，并上交开题报告一式两份，论文一式两份。

2011 级学生毕业论文提交时间为 2014 年 3 月 16 日。

2014 年 3 月 17 日 ~3 月 19 日为指导教师提供学生答辩名单阶段(需同时提交论文撰写过程的佐证材料)。

2014 年 3 月 20 日为分院确定学生答辩名单。

④论文答辩

各专业负责人组织相应专业学生集中进行论文答辩,答辩组成人员为 3 ~5 人。

答辩时间为:2014 年 3 月 29 日 ~3 月 30 日。

如果不能通过答辩,学生修改论文,经指导教师同意后,两周内安排第二次答辩。

⑤论文成绩提交

答辩结束后一周内提交成绩。

汽车与机电工程学院

2013 年 5 月 2 日

汽车运用技术专业毕业论文要求

1 目的与要求

(1)培养学生综合运用所学知识和技能,提高解决实际问题的能力,从而达到巩固、深化所学的知识。

(2)培养学生建立正确的科学研究思想,树立实事求是、严肃认真的科学工作态度。

(3)培养学生调查研究,收集资料,熟悉有关技术文件,运用国家标准、手册、资料等工具书进行设计计算、数据处理,编写技术文件等独立工作能力。

2 选题

(1)自主选题

根据学生本人实践实习所在单位的具体情况,尽可能结合生产实际,培养正确的思想方法、严谨的科学态度和理论联系实际的工作作风,自主选题。

(2)根据教研室下发的课题进行选题

3 学生撰写毕业论文进程安排(见下表)

学生撰写毕业论文进程安排表

时　间	内　容	备　注
2013 年 5 月 13 ~ 17 日	专业负责人进班布置毕业论文	
2013 年 7 月 1 日 ~ 11 月 1 日	确定论文题目、撰写开题报告	
2013 年 11 月 1 日 ~ 11 月中旬	开题报告修订	
2013 年 11 月 ~ 2014 年 3 月 10 日	撰写论文并与指导教师进行充分交流	
2014 年 3 月 10 日 ~ 3 月 16 日	修订论文,提交论文终稿	
2014 年 3 月 17 日 ~ 3 月 19 日	指导教师提供答辩名单	
2014 年 3 月 30 ~ 31 日	毕业论文答辩	

4　毕业论文参考题目

①汽车动力转向系统的原理与检修
②发动机冷却系统的控制方式分析
③柴油机共轨技术的研究
④汽车照明系统探讨
⑤发动机主要传感器的检测
⑥汽车点火系统的检测分析
⑦汽车常见故障的分析
⑧汽车充电系统的故障分析
⑨汽车蓄电池的原理与维护
⑩汽车起动系的故障分析
⑪汽车空调系统的检修
⑫汽车排放物的控制分析
⑬浅析汽车新能源
⑭汽车排放控制技术分析
⑮柴油机的特点与应用前景分析
⑯汽车安全性分析
⑰中国家庭用车市场分析
⑱汽车的售后服务分析
⑲ABS 系统的检修
⑳汽车轮胎的合理使用
㉑电控防抱死制动系统研究
㉒混合动力汽车的研究
㉓汽车定速巡航系统研究
㉔汽车安全气囊系统研究
㉕无级变速器结构原理分析
㉖自动变速器结构原理分析
㉗汽车主动安全、被动安全研究
㉘汽车发动机合理使用研究
㉙发动机常见故障分析
㉚汽车传动系常见故障分析

附表:

论文指导记录表

表 1

学生姓名:　　　　　　　　班级:　　　　　　　　指导教师姓名:

指导时间	指导方式	论文修改建议及意见	备注

毕业论文开题报告 表2

<table>
<tr><td>学生姓名</td><td></td><td>学号</td><td></td><td>专业班级</td><td></td></tr>
<tr><td>毕业论文题目</td><td colspan="5"></td></tr>
<tr><td colspan="6">(1)选题意义、内容简介(字数不少于500字)</td></tr>
<tr><td colspan="6">(2)文献综述(论文撰写过程、参考资料及参考内容简述)</td></tr>
<tr><td colspan="6">(3)论文结构(大纲)(此页不够可另附页说明)</td></tr>
<tr><td colspan="6">指导教师审定意见:
<table><tr><td></td><td>通过</td><td>修订</td><td>再次审核</td></tr><tr><td>结论</td><td></td><td></td><td></td></tr></table>
签字: 年 月 日</td></tr>
</table>

附录二　汽车运用技术专业顶岗实习方案

1　目的要求

汽车运用技术专业顶岗实习，是培养技能型人才重要的实践性教学环节。根据《教育部关于全面提高高等职业教育教学质量的若干意见》（教高[2006]16号文件），毕业生需要通过半年以上的顶岗实习，将所学的专业理论知识与实习实践相结合，了解汽车各类设备的操作、调整与使用，达到提高动手能力、增强人际关系协调能力，培养分析、解决实际问题能力的目的，让学生对专业知识有一个更全面、更深刻的理解和运用，也为毕业设计搜集了资料和提供感性认知。

顶岗实习是实践教学的重要组成部分，有利于毕业生适应就业制度改革，拓宽就业渠道；有利于学生融入社会，适应工作岗位做好准备；有利于用人单位通过顶岗实习发现并选用优秀人才，也有利于用人单位与毕业生之间互相了解、相互考察、双向选择。为了保证顶岗实习的顺利进行，加强顶岗实习管理、确保顶岗实习质量、不断提高学生的就业竞争力，巩固学生的专业知识和扩大社会知识面，提高学生的职业技能和综合素质，促使学生加强理论联系实践，成为德才兼备、有理论、能操作、会管理的实用人才，特制订本实习计划。

2　实习内容

（1）汽车发动机维修实习

时间：2个月

内容：发动机总成、发动机零部件的检测、维修实习。

（2）汽车底盘维修实训

时间：2个月

内容：底盘各总成、零部件的检测、维修实习。

（3）汽车电器维修实训

时间：2个月

内容：汽车电器设备的检测、维修实习。

（4）汽车综合性故障的诊断与排除实训

时间：2个月

内容：汽车综合性故障的诊断、检测与排除。

（5）汽车整车保养实训

时间：2个月

内容：汽车整车保养及基本维护作业。

（6）完成实习单位布置的其他各项工作

3 实习岗位

(1)汽车快速保养工位:汽车整车保养及基本维护作业;

(2)一般维修工位:汽车发动机、底盘、电器和综合故障诊断与排除作业;

(3)服务顾问:综合知识运用能力、沟通协调能力的锻炼。

4 实习安排

(1)尽量集中专业实习。这种方式的优点是便于管理,以利于专业教学目的的实现。将对口专业的学生安排到相关合作就业实习合作单位,这些单位规模较大,每年都需要一定数量的新成员。这种方式在管理和专业教育上整体效率较高,管理成本相对较低,效果较好。

(2)鼓励本专业对口零散实习。由于汽车行业的企业非常多,类型也不少。有集中区域的汽车4S店、汽车配件市场,也有比较分散的汽车修理厂和汽车美容店等,我们鼓励在本专业范围内零散实习。

(3)结合实际情况,在与单位取得就业劳动合同或签订就业协议的前提下,并需履行一定的手续,采取适当灵活的政策,允许少数学生从事与本专业不太对口的实习,服务就业大局,但在教学管理上按照顶岗实习有关规定执行。

学生和学校的关系,仍然存在着教育与被教育的关系。我们按照一系列实习教学管理规章制度和措施,负责实施校外实习教学管理工作。在整个实习期间,安排辅导员、班主任和实习指导教师对实习学生进行生活和教学管理,全程跟踪学生的实习,与企业共同对实习学生进行考核鉴定。同时,对学生进行安全文明生产教育、生活指导、心理咨询、职业生涯设计、就业指导等直至学生毕业。

5 具体要求

(1)每学期写一篇顶岗实习体会和工作小结,上下学期共2篇,每篇不少于1500个字。

(2)每位学生要认真填好顶岗实习记录表。其中,自我鉴定内容包括政治思想、实习工作表现、组织纪律、职业道德、专业技能、实习收获等方面。自我鉴定经所在单位鉴定、盖章后,上交给实习指导教师。

(3)在实习期间,要积极主动地配合所在实习点,要服从实习单位领导安排,认真完成各项任务,不得以任何借口拒绝。

6 实习成绩

(1)评分标准

实习报告质量　　　　(占总分的30%)

实习答辩　　　　　　(占总分的20%)

实习单位的实习鉴定　(占总分的30%)

顶岗实习记录表　　　(占总分的20%)

(2)评分方法

顶岗实习中的表现和能力由实习单位的有关部门来评定;同时参考辅导员、班主任和实习指导教师的意见。

(3)顶岗实习报告的评分

顶岗实习报告的评分,由分院组织的实习答辩组进行现场评定。

7 组织领导

顶岗实习是在校教务处领导下，由汽车与机电工程学院负责具体指导。

实习指导教师、辅导员和班主任共同负责指导该班同学的顶岗实习工作，跟踪指导、工作档案记录以及实习调查报告的选题、文章提纲的拟定、调查报告的批改、成绩评定、批改后调查报告的整理上交等工作；要求实习指导教师在实习全过程中要每月联系记录登记表一次，把学生工作情况及实习情况进行如实记录登记；在实习过程中要尽可能多下点，时间由各位指导教师根据实际需要而定。记录跟踪表与学生实习成绩同时上交教务处。

8 实习要求及规定

（1）在学校指导教师和实习单位外聘指导教师的共同指导下，按照实习大纲和实习计划认真进行实习，完成规定的实习任务。

（2）虚心向现场工作人员学习，尊敬师长，服从安排，遵守纪律，听从指挥，不怕脏苦，发现问题要通过正当的途径及时向学校反映。

（3）认真做好实习笔记、完成实习记录表，写好实习报告及个人实习小结。

（4）遵守实习单位的安全制度及其他各项规章制度；严格按照有关规程进行实际操作，自觉遵守劳动纪律和实习纪律。

（5）讲究文明礼貌，穿着应符合实习单位的着衣要求，保证生产和实习安全。

（6）对实习单位有意见、建议或要求，应向指导教师或学校领导汇报，学生不得擅自出面交涉。

（7）实习期间不得擅自离开实习现场，对不听劝阻执意外出者，按无故旷课处理。

（8）学生实习期间一般不得请事假；病假一天以内者可由辅导员、班主任或者实习指导教师批准；两天以上者需要医院诊断证明，并向学校领导汇报，得到批准。

（9）实习时间缺席三分之一以上者，不予评定成绩，必须按大纲规定要求重新完成顶岗实习教学任务；不交实习报告者，成绩按不及格处理。